U0503004

于江德 ◇ 著

自然语言处理原理与实践

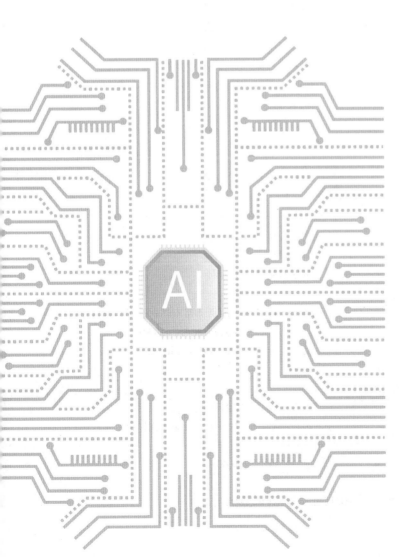

郑州大学出版社

图书在版编目（CIP）数据

自然语言处理原理与实践 / 于江德著. -- 郑州：
郑州大学出版社，2025. 6. -- ISBN 978-7-5773-1123-4

Ⅰ. TP391

中国国家版本馆 CIP 数据核字第 2025ZW7985 号

自然语言处理原理与实践

ZIRAN YUYAN CHULI YUANLI YU SHIJIAN

策划编辑	祁小冬	封面设计	王　微
责任编辑	董　强	版式设计	王　微
责任校对	李　蕊	责任监制	朱亚君

出版发行	郑州大学出版社	地　　址	河南省郑州市高新技术开发区
经　销	全国新华书店		长椿路 11 号（450001）
发行电话	0371-66966070	网　　址	http://www.zzup.cn
印　刷	河南印之星印务有限公司		
开　本	787 mm×1 092 mm　1 / 16		
印　张	11.25	字　　数	272 千字
版　次	2025 年 6 月第 1 版	印　　次	2025 年 6 月第 1 次印刷

书　号	ISBN 978-7-5773-1123-4	定　价	69.00 元

前　言

　　语言作为人类进行知识传播和信息交流的载体,是信息里最复杂、最具动态性的一部分,让计算机对语言信息做出很好的理解和处理是许多科研院所和学者梦寐以求的事情,也是自然语言处理(natural language processing, NLP)研究引人入胜之所在。自然语言处理主要研究用计算机处理和生成自然语言的各种理论与方法,是人工智能研究领域当前最热门的研究方向之一,被誉为"人工智能皇冠上的明珠"。

　　经过几十年的研究,人们对自然语言的计算机处理逐渐形成了两种基本的研究方法:基于规则的理性主义方法和基于统计的经验主义方法。理性主义方法主要是基于美国语言学家乔姆斯基(Noam Chomsky)的生成语言原则、形式语言理论、转换生成语法和语句的表层结构与深层结构理论。经验主义方法则以大规模语料库的统计分析为基础,将待处理的语言信息看作一个随机过程,给语言事件赋予概率,通过统计方法描述一个字或词、词与词搭配、组块、语句等不同粒度语言单位内在的统计规律。从 20 世纪 80 年代开始到 21 世纪初,统计语言模型技术被广泛用于自然语言处理的众多子任务领域,并成为自然语言处理的一项主流技术,形成了一些经典的统计语言模型,例如朴素贝叶斯(naïve Bayes, NB)分类器、隐马尔可夫模型(hidden Markov model, HMM)、条件随机场模型(conditional random fields, CRFs)、神经网络语言模型(neural network language model, NNLM)等。

　　基于传统机器学习的自然语言处理需要人工定义和提取特征,存在特征稀疏、模型复杂和系统较难移植泛化的问题。深度神经网络由于可以自动学习特征,避免了烦琐的人工参与的特征工程,近年来逐渐被应用到自然语言处理的各项任务中,取得了一些突破性成果。这个阶段的初期,循环神经网络(recurrent neural network, RNN)及其改进模型在自然语言处理领域得到了广泛应用,尤其在序列数据处理上,循环神经网络具有显著优势。2017 年,Transformer 网络架构提出之后,以 GPT 和 BERT 为代表的基于大规模文本训练出的预训练语言模型(pre-trained language model, PLM)逐渐成为主流的文本表示模型,这些模型在很多自然语言处理任务上取得了巨大成功。

　　本书是作者及其科研小组在自然语言处理领域所做研究与探索工作的总结,主要围绕自然语言处理原理与实践展开,既有一些经典的统计语言模型、内在机理的解读及基于这些模型的实践,又有近些年热门的神经网络、深度学习和预训练语言模型基本原理的论述及采用这些模型的应用案例。可以说本书是一本既有理论讲解又有实践探索的著作。全书共包含 9 章,由于江德教授撰写并统稿。

在此,谨向为本书出版付出辛勤工作的郑州大学出版社的工作人员表示由衷的感谢。同时,向为本书所总结的研究与实践工作提供帮助的自然语言处理实验室的各位老师和自然语言处理科研兴趣小组的同学们表示感谢。

本书的撰写和出版由智能科学与技术河南省重点学科、河南省人工智能大模型及应用工程研究中心、河南省教育厅科学技术研究重点项目(No.24B520036,No.25B520030)和河南省高等教育教学改革研究与实践重点项目(No.2024SJGLX0206)支持,在此一并表示感谢。

由于作者水平有限,书中难免存在错误或不足之处,真诚希望各位专家学者和读者批评指正。

作 者

2024 年 9 月

目 录

1

自然语言处理概述

自然语言处理(natural language processing，NLP)主要研究用计算机处理和生成自然语言的各种理论与方法，是当前人工智能(artificial intelligence，AI)研究领域最热门的分支之一，被誉为"人工智能皇冠上的明珠"。本章首先给出自然语言处理的基本概念，并简要介绍自然语言处理中两种基本研究方法：基于规则的理性主义方法和基于统计的经验主义方法。然后简要介绍自然语言处理任务的五个层次和每个层次的基本任务，并对词法分析、句法分析和语义分析这三个任务进行较详细的介绍。接着概述自然语言处理的主流技术发展趋势和研究方向。最后给出本书的组织结构和各章主要内容。

1.1 自然语言处理的基本概念

语言作为人类进行知识传播和信息交流的载体，是信息里最复杂、最具动态性的一部分，自然语言一般指的是人类语言(本书特指文本符号，而非语音符号)。让计算机对语言信息做出很好的理解和处理是许多科研院所和学者追求的目标，也是自然语言处理研究最富吸引力的价值所在。

那什么是自然语言处理呢？自然语言处理是这样一门学科：它通过建立形式化的数学模型来分析、处理、生成自然语言，并在计算机上用程序来实现分析、处理和生成的过程，从而达到用机器来模拟人的部分乃至全部语言能力的目的。自然语言处理是由计算机科学、语言学、数学、统计学、认知心理学等多个学科组成的交叉学科。

自然语言处理作为人工智能的一个重要分支，专注于使计算机能够理解和生成人类使用的自然语言。它通过算法等技术手段，将人类语言转化为计算机可处理的形式，实现机器对人类语言的理解和处理。近 10 年来，随着深度学习技术的不断迭代发展，NLP 技术不断取得突破性进展，能够处理更加复杂和多样化的语言现象。可以说，自然语言处理是连接人类与计算机的重要桥梁，为智能化时代的到来提供了关键技术支持。

1.2 自然语言处理的基本方法

从 20 世纪 50 年代开始，经过几十年的研究，人们对自然语言的计算机处理逐渐形成了两种基本的研究方法：基于规则的理性主义方法和基于统计的经验主义方法。

理性主义方法认为：人的很大一部分语言知识是与生俱来的，也就是由遗传决定的。理性主义方法主要是基于美国语言学家乔姆斯基（Noam Chomsky）的生成语言原则、形式语言理论、转换生成语法和语句的表层结构与深层结构理论。受乔姆斯基内在语言官能理论的影响，自然语言处理领域和计算语言学界很多人信奉理性主义。他们秉承人工智能研究中的符号主义传统，通过人工汇编初始语言知识（主要表示成形式规则）和推理系统来建立处理自然语言的符号系统。这种系统通常根据一套规则或程序，将自然语言"理解"为某种符号结构；再通过某种规则，从组成该结构的符号的意义上推导出该结构的意义。

经验主义方法认为：人的语言知识只有通过感官传入，再通过一些简单的联想和泛化的操作才能获得，人不可能天生拥有一套有关语言的构成规则和处理方法。这一思想表现在自然语言处理和计算语言学中，许多研究尝试从大量的语言数据中获取语言的结构知识，从而开辟了基于语料库的统计语言学这种经验主义的研究方法。由此可见，经验主义方法是以大规模语料库的统计分析为基础，将待处理的语言信息看作一个随机过程，给语言事件赋予概率，再通过统计方法描述一个字或词、词与词的搭配、组块、语句等不同粒度语言单位（linguistic unit）内在统计规律的方法。

下面两小节较为详细地叙述理性主义方法、经验主义方法的发展历程，并从多个侧面比较了这两种方法，给出了理性主义方法和经验主义方法的优缺点。

1.2.1 理性主义和经验主义交互发展历程

自然语言处理的整个发展过程，是基于规则的理性主义方法和基于统计的经验主义方法此消彼长的过程，也是理性主义和经验主义对立与融合的过程。一个时期理性主义方法占据主导地位，而另一个时期经验主义方法占据了主导地位。根据两种方法不同时期的发展情况，可以将这个发展历程分为四个阶段。

1）第一阶段

20 世纪 50 年代以前，早期的自然语言处理研究具有鲜明的经验主义色彩。1913年，俄国科学家马尔可夫（A. Markov）使用手工查频的方法，统计了普希金长诗《欧根·奥涅金》中的元音和辅音出现的频次，提出了马尔可夫随机过程理论，建立了马尔可夫模型，他的研究是建立在对俄语的元音和辅音的统计数据基础之上的，采用的方法主要是基于统计的经验主义方法。

1948 年，美国科学家香农（Shannon）发表了著名的论文《通信的数学理论》。当时，香农在贝尔电话公司工作，他为了解决信息的编码问题，同时为了提高通信系统的效率和可靠性，在研究过程中会对信息进行数学处理，这就要求舍弃通信系统中信息的具体内容,把信源发生的信息仅仅看作一个抽象的量。同时,由于通信的对象——信息具有随机性的特点,因此香农把用于物理学中的数学统计方法移植到通信领域,从而提出了信息量度量的数学公式,从量的方面来描述信息的传输和提取问题,并提出信息熵的概念。香农的这篇论文和1949年发表的《噪声中的通信》一起奠定了信息理论的基础,是把熵理论引入到其他学科首次取得成功的典范,而香农也成为信息理论的奠基人。香农的这些研究工作是基于统计的,带有明显的经验主义色彩。

2) 第二阶段

20世纪60年代到80年代中期,理性主义方法在自然语言处理研究中占据主导地位。理性主义的研究方法认为:人的很大一部分语言知识是与生俱来的,由遗传决定。理性主义方法的主要研究思路是研究人们的语言结构,或者说研究语言的规则。这个阶段,理性主义的方法主宰了自然语言处理、语言学和心理学的研究。

早期,基于统计的经验主义的倾向到了乔姆斯基那里出现了重大转折。1956年,乔姆斯基从香农的研究中汲取了有限状态自动机的思想,将有限状态自动机作为一种工具来刻画语言的语法,并且把有限状态语言定义为由有限状态语法生成的语言,建立了自然语言的有限状态模型。乔姆斯基根据数学中的公理化方法来研究自然语言,采用代数和集合论把形式语言定义为符号的序列,从形式描述的高度分别建立了有限状态语法、上下文无关语法、上下文有关语法和0型语法的数学模型,并且在这样的基础上来评价有限状态模型的局限性。乔姆斯基断言:有限状态模型不适合用来描述自然语言。这些早期的研究工作产生了"形式语言理论"这个新的研究领域,为自然语言和形式语言找到了一种统一的数学描述理论,形式语言理论也成为计算机科学最重要的理论基石。

乔姆斯基在他的著作中明确地采用理性主义的方法,他高举理性主义的大旗,把自己的语言学称为"笛卡儿语言学",充分地显示出他的语言学与理性主义之间不可分割的血缘关系。此时的乔姆斯基完全排斥经验主义的统计方法,他主张采用公理化、形式化的方法,严格按照一定的规则来描述自然语言的特征,试图使用有限的规则描述无限的语言现象,发现人类普遍的语言机理,建立所谓的"普遍语法"。

自然语言处理中,基于规则的方法发展起来的技术有:有限状态转移网络、有限状态转录机、递归转移网络、扩充转移网络、短语结构语法、自底向上剖析、自顶向下剖析、左角分析法、Earley算法、CYK算法、富田算法、复杂特征分析法、合一运算、依存语法、一阶谓词演算、语义网络、框架网络等。可以说,在20世纪60年代至80年代中期,自然语言处理领域的主流方法是基于规则的理性主义方法,经验主义方法并没有受到重视。

3) 第三阶段

20世纪80年代末期到90年代中期,这一时期为经验主义方法快速复苏阶段。理性主义占主导地位的情况在20世纪80年代中期发生了变化。在1983—1993年间,自然语言处理研究者对于过去的研究历史进行了反思,发现过去被忽视的有限状态模型和经验主义方法仍然有合理的内核。其间,自然语言处理的研究又回到了20世纪50年代末期到60年代初期几乎被否定的有限状态模型和经验主义方法上。之所以出现这样的复苏,部分原因在于1959年乔姆斯基对斯金纳(Skinner)的"言语行为"(verbal behavior)很有影响的评论在20世纪80年代和90年代之交遭到了学术界的强烈反对,人们开始注意到基于规则的理性主义方法的缺陷。

4) 第四阶段

20 世纪 90 年代中期至今,经验主义方法在自然语言处理研究中占据主导地位。在 20 世纪 90 年代的最后几年,自然语言处理的研究发生了很大的变化,出现了空前繁荣的局面。概率和数据驱动的方法几乎成了自然语言处理的标准方法。句法剖析、词类标注、参照消解和话语处理的算法全都开始引入概率,并且采用从语音识别和信息检索中"借"过来的评测方法。理性主义"君临天下"的局面已经被打破了,基于统计的经验主义方法逐渐成为自然语言处理研究的主流。

可以看出,在自然语言处理的发展过程中,始终充满了基于规则的理性主义方法和基于统计的经验主义方法之间的矛盾,这种矛盾时起时伏、此起彼伏。自然语言处理也就在这样的矛盾中逐渐成熟起来。

1.2.2 理性主义和经验主义的比较

理性主义的研究方法认为:人的很大一部分语言知识是与生俱来的,由遗传决定。理性主义的方法主要是基于乔姆斯基的语言原则、形式语言理论、转换生成语法和语句的表层结构与深层结构理论。理性主义方法的主要研究思路是研究人们的语言结构,或者说研究语言的规则。理性主义的方法从 20 世纪 60 年代到 80 年代中期主宰了计算语言学、语言学和心理学的研究,其研究过程如图 1-1 所示。在计算语言学中,理性主义的观点表现为通过人工编制初始的语言知识和推理系统来创建自然语言处理系统。

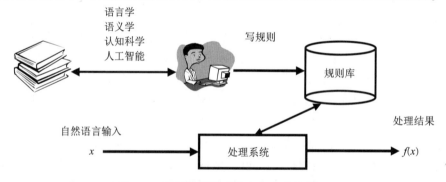

图 1-1 基于规则的理性主义方法示意图

与理性主义的研究方法相反的是经验主义的研究方法,它认为人的知识只是通过感观输入,再经过一些简单的联想与泛化而得到。人并不是生来就具有一套有关语言的原则和处理方法。经验主义从 20 世纪 20 年代到 50 年代主宰了语言学、心理学、计算语言学的研究,并在 20 世纪 80 年代中期后重新受到了重视。经验主义方法基于香农的信息论,将语言事件赋予概率,通过统计方法描述一个词、词与词搭配、语句等是常见的还是罕见的。N 元语法(N-Gram)是典型的经验主义的方法,其研究过程一般如图 1-2 所示。在国外,经验主义的方法取得了很大的成效,一些大规模的语料库相继建立,如 Brown 语料库、Penn 树库。在机器翻译等应用领域,经验主义方法也占了上风。在国内,从 20 世纪 90 年代开始,经验主义方法也取得了长足的发展,一些大学和科研院所相继建立了人工标注的汉语语料库,如北京大学计算语言学研究所建立的汉语分词、词性标注、语义信息等语料库,清华大学创建的汉语句子层面的语义标注语料库,在我国的香港、台湾地区和新加坡的一些大学也建立了一些大规模的汉语语料库。其中的统计学方法试图建立统计性的语言处理模型,并用语料库中的训练数据来统计模型中的参数。比如,后续章节中介绍的各类汉语词法分析的自动标注,其做法是先使用少量已经人工标注的语料进行训练,然后将学到的标记信息的共现概率分布用于标注尚未标注的文本。这都是通过学习训练实例来获得某种语言处理能力的,因而是典型的经验主义的研究方法。

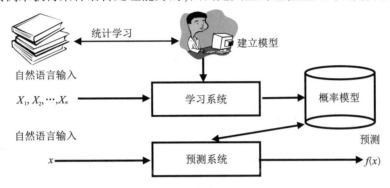

图 1-2　基于统计的经验主义方法示意图

　　总结自然语言处理发展的曲折历史可以看出,基于规则的理性主义方法和基于统计的经验主义方法各有千秋,因此,我们应当用科学的态度来分析它们的优点和缺点。

　　基于规则的理性主义方法的优点是:

　　(1)规则主要是语言学规则,这些规则的形式描述能力和形式生成能力都很强,在自然语言处理中有很高的应用价值。

　　(2)可以有效地处理句法分析中的长距离依存关系等困难问题,如句子中长距离的主语和谓语动词之间的一致关系等问题。

　　(3)通常都是易于理解的,表达得很清晰,描述得很明确,很多语言事实都可以使用语言模型的结构和组成成分直接、明显地表示出来。

　　(4)在本质上是没有方向性的,使用这样的方法研制出来的语言模型,既可以应用于分析,也可以应用于生成,这样,同样的一个语言模型就可以双向使用。

　　(5)可以在语言知识的各个平面上使用,也可以在语言的不同维度上得到多维的应用。这种方法不仅可以在语音和形态的研究中使用,而且在句法、语义、语用、篇章的分析中也发挥重要作用。

　　基于规则的理性主义方法的缺点是:

　　(1)研制的语言模型一般鲁棒性较差,一些与语言模型稍微偏离的非本质性的错误,往往会使得整个语言模型无法正常工作,甚至导致严重的后果。此外,语言本身具有复杂性,单纯人工规则很难确保系统的一致性和整体逻辑性。

　　(2)研制自然语言处理系统的时候,往往需要语言学家、语音学家和其他各领域专家配合工作,进行知识密集的研究,研究工作的强度很大;语言是不断发展的,规则不可能穷举,语言处理需要机器拥有学习能力。而基于规则的语言模型不能通过机器学习的方法自动获得,也无法使用计算机自动地进行泛化。

(3)设计的自然语言处理系统的针对性都比较强,很难进行进一步的升级。

(4)在实际的使用场合,表现往往不如基于统计的经验主义方法。因为基于统计的经验主义方法可以根据实际训练数据的情况进行不断的优化,而基于规则的理性主义方法很难根据实际的数据进行调整,且很难模拟语言中局部的约束关系,例如,单词的优先关系对于词类标注是非常有用的,但是基于规则的理性主义方法很难模拟这种优先关系。

不过,尽管理性主义方法有很多不足,但这种方法终究是自然语言处理中研究得最为深入的技术,它仍然是非常有价值和非常强有力的技术,我们绝不能忽视这种方法。事实证明,基于规则的理性主义方法的算法具有普适性,不会由于语种的不同而失去效应,这些算法不仅适用于英语、法语、德语等西方语言,也适用于汉语、日语、韩语等东方语言。在一些领域针对性很强的应用和一些需要丰富的语言学知识支持的系统中,特别是在需要处理长距离依存关系的自然语言处理系统中,基于规则的理性主义方法是必不可少的。

基于统计的经验主义方法的优点是:

(1)训练语言数据时,从中自动或半自动地获取语言的统计知识,可以有效地建立语言的统计模型。这种方法在文字和语音的自动处理中效果良好,在句法自动分析和词义排歧中也初露锋芒。

(2)训练的效果在很大程度上取决于训练语言数据的规模,训练的语言数据越多,基于统计的经验主义方法的效果就越好。在统计机器翻译中,语料库的规模,特别是用来训练语言模型的目标语言语料库的规模,对于系统性能的提高,起着举足轻重的作用。因此,可以通过扩大语料库规模的办法来不断提高自然语言处理系统的性能。

(3)很容易与基于规则的理性主义方法结合起来,处理语言中形形色色的约束条件问题,使自然语言处理系统的效果不断得到改善。

(4)很适合用来模拟那些有细微差别的、不精确的、模糊的概念(如"很少""很多""若干"等),而这些概念,在传统语言学中需要使用模糊逻辑(fuzzy logic)才能处理。

基于统计的经验主义方法的缺点是:

(1)使用基于统计的经验主义方法研究设计的自然语言处理系统,其运行时间是随着统计模式中所包含的符号类别的多少线性增长的,不论是在训练模型的分类中,还是在测试模型的分类中,情况都是如此。因此,如果统计模式中的符号类别数量增加,系统的运行效率会明显降低。

(2)在当前语料库技术的条件下,要使用此方法为某个特殊的应用领域获取训练数据,还是一项费时费力的工作,而且很难避免出错。此方法的效果与语料库的规模、代表性、正确性以及加工深度都有密切的关系,可以说,用来训练数据的语料库的质量在很大程度上决定了此方法的效果。

(3)很容易出现数据稀疏的问题,随着训练语料库规模的增大,数据稀疏的问题会越来越严重,这个问题需要使用各种平滑(smoothing)技术来解决。

自然语言中既有深层次的现象,也有浅层次的现象,既有远距离的依存关系,也有近距离的依存关系;自然语言处理中既要使用演绎法,也要使用归纳法。因此,我们主张把理性主义和经验主义结合起来,把基于规则的理性主义方法和基于统计的方法结合起来。我们认为,强调一种方法,或反对另一种方法,都是片面的,都无助于自然语言处理的发展。

1.3　自然语言处理的基本任务

自然语言处理的任务可以大致分为五个层次,每个层次都有其特定的任务和技术。

第一个层次是语言资源建设,如语料库建设。语言学的研究必须以语言事实作为根据,必须详尽、大量地占有材料,这样才有可能在理论上得出比较可靠的结论。大规模的真实语言语料库包含着无比丰富的知识和信息,语料库是一个宝藏,从语料库中挖掘的知识,可以是语言学的知识,也可以是非语言学的其他有用的知识,从语料库中还可以抽取其他各种各样的信息。可以说,语言资源是一切自然语言处理的数据源。

第二个层次是词法层次,这是 NLP 的基础,主要任务包括文本分词、词性标注、命名实体识别等,即将文本分解为单词或标记,并识别其词性。

第三个层次是句法层次,它关注文本的语法结构,如句子成分分析、依存关系分析等,以揭示文本的内部结构。

第四个层次是语义层次,这一层次较为复杂,涉及理解文本的含义,如实体关系抽取、语义角色标注等,以识别文本中的实体及其关系和概念。随后是语用层次,它关注文本的语境和意图,如情感分析、观点挖掘等,以理解文本的隐含意义和情感。

第五个层次是应用层次,这是 NLP 的最高层次,将技术应用于实际问题,如机器翻译、问答系统、聊天机器人、自动文摘等,以提高人类与计算机的交互效率。

这些层次共同构成了 NLP 的技术体系,每个层次都依赖于前一层次的处理结果,以实现更高级别的自然语言理解和处理能力。

以上五个层次自然语言处理任务中的基本任务主要包括语料库建设、词法分析、句法分析、语义分析,以及应用层次的文本分类、情感分析、机器翻译、文本生成,等等。下面三小节将对词法分析、句法分析和语义分析进行较详细的介绍,后续章节将围绕自然语言处理中的分类问题、汉语词法分析、情感分析、文本生成等任务实现的原理和具体实践展开论述。

1.3.1　词法分析

词法分析是进行自然语言处理的最基础工作。在计算机科学中,词法分析(lexical analysis)是将字符序列转换为单词(token)序列的过程。进行词法分析的程序或者函数叫作词法分析器(lexical analyzer,简称 lexer)。而计算语言学中的词法分析要完成的工作与此类似,包括两方面的任务:第一,要能正确地把一串连续的字符切分成一个一个的词语;第二,要能正确地判断每个词语的词性类别,以便于后续的句法分析、语义分析的实现。以上两个方面处理的正确性和准确率将对后续的更深层的自然语言处理任务产生决定性的影响,并最终决定语言理解的正确与否。汉语词法分析(Chinese lexical analysis)主要包括汉语分词(Chinese word segmentation)、词性标注(part-of-speech tagging,简称POS Tagging)、命名实体识别(named entity recognition)三项子任务,它不仅是句法分析、语义分析、篇章理解等深层语言信息处理的基础,也是机器翻译、问答系统、信息检索和信息抽取等应用的关键环节。

在自然语言处理中,词是最小的能够独立运用的有意义的语言单位。但是汉语书写时却以字为基本的书写单位,词语之间不存在明显的分隔标记,因此,中文信息处理领域首先要解决的问题是如何借助计算机将汉语的字串切分为合理的词语序列,即汉语自动分词。词性是词的一个基本语法属性。某些词只有一种词性,这类词无论出现在文本的什么位置,其词性都相同,如"我们"总是代词。而有些词有两种或两种以上的词性,这些词在不同语境的文本中词性不同,这种情况称为词语兼类现象,在自然语言中很常见。为句子中的每个词语标明其在上下文中的词性就是所谓的词性标注,汉语词性标注也是中文信息处理中一项非常重要的基础性工作。命名实体(named entity)是文本中基本的信息元素,是正确理解文本的基础。狭义地讲,命名实体是指现实世界中的具体的或抽象的实体,如人、组织、公司、地点等,通常用唯一的标识符(专有名称)表示,如人名、地名、组织机构名、公司名等。广义地讲,命名实体还可以包含时间、数量表达式等。命名实体识别是将文本中的命名实体识别出来的过程。本书重点研究中文文本中人名、地名、组织机构名三类命名实体的识别。

现阶段,基于统计的方法是汉语词法分析的主流技术,大多数是将汉语词法分析的本质看作一个序列数据标注问题,借助于统计机器学习模型实现。

1.3.2 句法分析

自然语言处理研究领域的句法分析子任务是一个核心且复杂的部分,它旨在解析和理解句子的语法结构及其内部成分之间的关系。句法分析不仅有助于深入理解文本的含义,还为后续的语义分析、机器翻译、信息抽取等任务提供了重要的支撑。

句法分析是NLP中的一个经典任务,它通过分析句子的语法结构来揭示句子中词语之间的层级关系。这些关系通常以句法树(syntax tree)或依存关系图(dependency graph)的形式表示。句法分析的任务可以细分为多个层面,包括完全句法分析和局部句法分析,以及基于不同理论框架的分析方法,如短语结构句法分析和依存句法分析。

句法分析的方法可以分为两大类:基于规则的方法和基于统计的方法。随着深度学习技术的发展,近年来还出现了结合规则和统计的混合方法。

1)基于规则的方法

基于规则的方法主要依赖于人工编写的语法规则和知识库。这些规则通常基于语言学理论和专家知识,用于指导句法分析的过程。基于规则的方法具有准确率高、可解释性强的优点,但需要大量的专家知识和手工工作,且难以处理语言中的歧义现象。

在基于规则的方法中,句法分析树是一个重要的概念。它用于表示句子中各个成分之间的层次关系和依存关系。句法分析树的构建通常采用自顶向下或自底向上的方法,或者两者的结合。

2）基于统计的方法

基于统计的方法则主要依赖于大规模语料库中的统计信息。通过训练统计模型，系统可以自动学习句子中词语之间的共现规律和依存关系。基于统计的方法具有自动化程度高、适应性强的优点，但可能需要大量的训练数据和计算资源，且在某些情况下可能不如基于规则的方法准确。

在基于统计的方法中，概率上下文无关文法（PCFG）是一个常用的模型。PCFG是上下文无关文法（CFG）的扩展，它引入了概率信息来表示产生规则的不确定性。通过训练PCFG模型，系统可以估计出句子中各个成分之间的依存概率，并据此构建句法分析树。

3）混合方法

混合方法结合了基于规则的方法和基于统计的方法的优点，旨在提高句法分析的准确性和效率。在混合方法中，系统通常会先利用基于规则的方法对句子进行初步的句法分析，然后利用基于统计的方法对结果进行优化和调整。这种方法可以充分利用语言学知识和统计信息，以提高句法分析的性能。

1.3.3 语义分析

自然语言处理研究领域的语义分析子任务是一个至关重要且复杂的部分，它旨在深入理解文本所传达的深层含义，而不仅仅是停留在词法和句法的表面层次。语义分析涉及从文本中提取出抽象的意义和概念，理解词语、短语、句子乃至整个篇章之间的语义关系。

语义分析是NLP中的一个核心任务，它关注于文本背后的深层含义和意图。与词法分析和句法分析不同，语义分析不仅仅关注文本的语言形式，更关注文本所表达的实际意义。语义分析的任务可以细分为多个子任务，如词义消歧、语义角色标注、指代消解、情感分析等，这些子任务共同构成了语义分析的技术体系。

语义分析的方法有：基于规则的方法、基于统计的方法、基于深度学习的方法。

1）基于规则的方法

基于规则的方法依赖于人工编写的语言学规则和知识库，通过规则匹配和推理来实现语义分析。这种方法在特定领域和特定任务中具有较高的准确率，但需要大量的人工干预和领域知识，且难以扩展到其他领域和任务。

2）基于统计的方法

基于统计的方法利用大规模语料库中的统计信息来训练模型，通过概率模型来预测文本的语义特征。这种方法不需要显式地编写语言学规则，而是通过学习语料库中的统计规律来自动地推断文本的语义信息。随着语料库规模的增大和模型的不断优化，基于统计的方法在语义分析任务中取得了显著进展。

3）基于深度学习的方法

近年来，深度学习技术在NLP领域取得了巨大成功，也为语义分析任务提供了新的解决方案。基于深度学习的语义分析具有很好的性能。

1.4 自然语言处理的技术展望

从 20 世纪 90 年代开始,自然语言处理的主流技术是以统计为基础的统计语言模型。近 10 年来,随着深度学习在图像识别、语音识别、语言信息处理等领域的相继突破,自然语言处理作为人工智能领域的认知智能,成为目前大家关注的焦点。随着深度学习技术的不断突破,NLP 在理解和生成人类语言方面取得了长足进步。大规模预训练语言模型如 BERT、GPT 等的兴起,极大提升了 NLP 的性能,推动了从感知智能向认知智能的演进。

NLP 的应用领域不断拓展,涵盖了文本分类、情感分析、机器翻译、问答系统等多个方面。同时,跨语言 NLP 技术的发展增强了不同语言之间的交互能力。多模态大模型的出现,将 NLP 与计算机视觉、音频处理等技术结合,提升了其综合理解能力。

此外,NLP 技术与其他技术的融合也日趋深入,如与机器学习、深度学习技术的融合,使得处理复杂语言任务更加高效和准确。随着计算能力的提升和算法的优化,NLP 技术正不断突破性能瓶颈,有望在更多领域发挥重要作用。

展望未来,NLP 将继续朝着智能化、精准化的方向发展,为人们带来更加便捷、智能的生活体验。同时,随着技术的不断进步和应用场景的拓展,NLP 行业也将面临更多的机遇和挑战。

1.4.1 自然语言处理的主流技术

要实现计算机对自然语言的处理,就必须采用数学的或逻辑的方法对自然语言进行精确的描述和刻画,以便用计算机对其进行自动处理。这种对自然语言进行描述和刻画的数学公式或形式系统称为语言模型(language model),它是自然语言处理的基础和核心。统计语言模型(statistical language model, SLM)是应用概率论与数理统计的知识和方法,试图刻画、记录并运用自然语言中存在的规律。建立统计语言模型的过程称为统计语言建模(statistical language modeling)。在当今信息爆炸的时代,面对浩如烟海的语言数据,建立在大规模真实语料基础上的统计语言建模技术越来越受到人们的重视,并在众多语言信息处理领域体现出巨大价值。从 20 世纪 90 年代开始,SLM 技术被广泛用于语音识别、汉字输入、拼写纠错、印刷体或手写体识别、机器翻译、词法分析、浅层句法分析、浅层语义分析、信息检索、信息抽取、生物信息学等领域,并成为自然语言处理的一项主流技术。由于以上这些众多领域中强烈的应用需求,SLM 技术得到了快速的发展,形成了一些经典的统计语言模型。例如 N 元语法(N-gram)模型、朴素贝叶斯(naive Bayes, NB)、隐马尔可夫模型(hidden Markov model, HMM)、最大熵模型(maximum entropy, ME)、支持向量机(support vector machine, SVM)、条件随机场(conditional random fields, CRFs)模型、神经网络语言模型(neural network language model, NNLM)等等。

从自然语言处理的发展历史可以看到,单纯的基于规则的理想主义方法难以应对现实世界中自然语言复杂多变的现象,有诸多的内在缺陷。而统计语言建模技术应用概率理论、图论的知识和方法对自然语言建模，从而捕获人类语言的内在规律和特性，用来解决自然语言处理中的特定问题。

1.4.2 自然语言处理的发展趋势

近些年来，深度学习在自然语言处理中的应用极大地促进了行业的发展。但是，即使使用深度学习，仍然有许多问题只能达到基本的要求，如问答系统、对话系统、机器翻译等。哈尔滨工业大学刘挺教授在第三届中国(郑州)人工智能大会上对自然语言处理的发展趋势做了一次精彩的归纳。

趋势1：语义表示——从符号表示到分布表示

自然语言处理一直以来都是比较抽象的，都是直接用词汇和符号来表达概念。但是使用符号存在一个问题，比如两个词，它们的词性相近但词形不匹配，计算机内部就会认为它们是两个词。举个例子，荷兰和苏格兰，如果我们在一个语义的空间里，用词汇与词汇组合的方法，把它表示为连续、低维、稠密的向量的话，就可以计算不同层次的语言单元之间的相似度。这种方法同时也可以被神经网络直接使用，是这个领域的一个重要的变化。

趋势2：学习模式——从浅层学习到深度学习

从浅层学习到深度学习的学习模式中，浅层学习是分步骤进行，可能每一步都用了深度学习的方法，实际上各个步骤是串接起来的。直接的深度学习是一步到位的端到端的方法，在这个过程中，我们确实可以看到一些人为贡献的知识，包括如何分层、每层的表示形式、一些规则等，但我们所谓的知识在深度学习里所占的比重确实减小了，主要体现在对深度学习网络结构的调整。

趋势3：NLP平台化——从封闭走向开放

以前搞研究的，不是很愿意分享自己的成果，像程序或数据。现在这些资料彻底开放了，无论是学校还是大企业，都更多地提供平台。NLP领域提供的开放平台越来越多，它的门槛也越来越低。

趋势4：语言知识——从人工构建到自动构建

AlphaGo告诉我们，没有围棋高手介入它的开发过程，到AlphaGo最后的版本，它已经不怎么需要看棋谱了。所以AlphaGo在学习和使用过程中都有可能会超出人的想象，因为它并不是简单地跟人学习。

美国有一家文艺复兴公司做金融领域的预测，但是这家公司不招金融领域的人，只招计算机、物理、数学领域的人。这就给了我们一个启发：计算机不是跟人的顶级高手学，而是用自己已有的算法去直接解决问题。

在自然语言处理领域，还是要有大量的显性知识的，但是构造知识的方式也在发生变化。比如，现在我们开始用自动的方法，自动地去发现词汇与词汇之间的关系，像毛细血管一样渗透到各个方面。

趋势5：对话机器人——从通用到场景化

最近出现了各种图灵测试的翻版，就是做知识抢答赛来验证人工智能，从产学研应用上来讲就是对话机器人，非常有趣味性和实用价值。现在更多的做法和场景结合，降低难度,然后做任务执行,即希望做特定场景时的、有用的人机对话。在做人机对话的过程中,大家热情一轮比一轮高涨,但是随后大家发现,很多问题是由于自然语言的理解没有到位,才难以产生真正的突破。

趋势 6:文本理解与推理——从浅层分析向深度理解迈进

Google 等都已经推出了这样的测试机:以阅读理解作为一个深入探索自然语言理解的平台。就是说,给计算机一篇文章,让它去理解,然后提问计算机各种问题,看计算机能否回答,这样做是很有难度的,因为答案就在这篇文章里面,人会很刁钻地问计算机。所以说,阅读理解是现在竞争的一个很重要的点。

趋势 7:文本情感分析——从事实性文本到情感文本

多年以前,很多人都在做新闻领域的事实性文本,而如今,搞情感文本分析的似乎更受群众欢迎,这一块在商业和政府舆情上也都有很好的应用。

趋势 8:社会媒体处理——从传统媒体到社交媒体

相应地,在社会媒体处理上,从传统媒体到社交媒体的过渡,情感的影响是一方面,大家还会用社交媒体做电影票房的预测、股票的预测等等。但是从长远的角度看,社会、人文等的学科与计算机学科的结合是历史性的。比如,在文学、历史学等学科中,有相当一部分新锐学者对本门学科的大数据非常关心,这两者的碰撞,未来的前景是无限的,而自然语言处理是其中重要的、基础性的技术。

趋势 9:文本生成——从规范文本到自由文本

文本生成这两年很火,从生成古诗词到生成新闻报道再到写作文。这方面的研究价值是很高的,它的趋势是从生成规范文本到生成自由文本。比如,我们可以从数据库里面生成一个可以模板化的体育报道,这个模板是很规范的。然后我们可以再向自由文本过渡,比如写作文。

趋势 10:NLP+行业——与领域深度结合,为行业创造价值

最后是谈与企业的合作。现在像银行、电器、医药、司法、教育、金融等各个领域对 NLP 的需求都非常大。刘挺教授预测,NLP 首先会在信息准备得充分,并且服务方式本身就是知识和信息的领域产生突破。比如司法领域的服务本身也有信息,它就会首先使用 NLP。NLP 最主要将会用在以下四个领域:医疗、金融、教育和司法。

1.4.3　自然语言处理的研究方向

随着深度学习时代的来临,神经网络成为一种强大的机器学习工具,自然语言处理取得了许多突破性发展,如情绪分析、自动问答、机器翻译等领域都飞速发展。有学者通过对 1994—2017 年间自然语言处理领域有关论文的挖掘,总结出 20 多年来,自然语言处理领域关键词主要集中在计算机语言、神经网络、情感分析、机器翻译、词义消歧、信息提取、知识库和文本分析等,旨在基于历史的科研成果数据,对自然语言处理热度甚至发展趋势进行研究。自然语言处理未来 10 年的研究方向主要有:

1)认知语言学和语言智能

为了更好地进行自然语言处理,必须探索人脑理解和处理语言的机理,从认知的角度描述和刻画语言知识,重视对语言理解和处理的认知加工过程及形式化问题。

随着大数据、深度学习、云计算这三大要素的推动，所谓认知智能，尤其是语言智能跟感知智能一样会有长足的发展。也可以说，自然语言处理迎来了 60 余年发展历史上最好的、进步最快的一个时期，从初步的应用到开发聊天机器人，到通过对上下文的理解进行知识的把握，它的处理能力得到了长足的进步。具体来讲，口语机器翻译肯定会普及，将来它就是手机上的标配。任何人出国，无论到了哪个国家，拿起电话来说自己的母语，跟当地人的交流不会有太大的问题，而且是非常自如的过程，提供实时对话翻译。所以，口语机器翻译会普及。虽然这不意味着同声翻译能彻底颠覆，也不意味着专业领域文献的翻译问题可以彻底解决，但还是会有很大的进展。

2）自动问答和对话系统

自然语言的会话、聊天、问答、对话达到实用程度。这意味着在常见的场景下，通过人机对话完成某项任务，是完全可以实现的。或者跟某个智能设备进行交流，比如说关灯、打开电脑、打开纱窗，一点问题都没有，包括带口音的话语都可以完全听懂。但是同样，这也不代表任何话题、任何任务用任何变种的语言去说都可以达到完全听懂的程度。

3）自然语言生成研究

自然语言生成研究的是，使计算机具有与人一样的表达和写作的功能。即能够根据一些关键信息及其在机器内部的表达形式，经过一个规划过程，来自动生成一段高质量的自然语言文本。

自然语言处理包括自然语言理解和自然语言生成。自然语言生成是人工智能和计算语言学的分支，相应地，语言生成系统是基于语言信息处理的计算机模型，其工作过程与自然语言分析相反，是从抽象的概念层次开始，通过选择并执行一定的语义和语法规则来生成文本。

4）深层语言处理及资源建设

布局深层语言处理和知识服务，是互联网公司战略的重要组成部分。深层语言处理和知识服务面临的最大问题，就是无法利用某种通用的算法来"一巧破千斤"，而必须踏踏实实地面对"一砖一瓦"的资源建设。围绕深层语言处理的资源建设已经有很多年了。一开始是学术界和民间在做，有外国的 Wordnet、中国的 Hownet。搞深层语言处理的人明白这些资源的价值，特别是在消除伪歧义、获得正确的语言分析结果方面的价值。但是，面对主流的统计方法，这些资源建设的影响力实在有限。资源建设和统计方法都使用人工进行标注，不同的是，统计方法标注的对象是语料，而资源建设标注的对象是词条。统计方法可以让没有太多语言学背景的普通人员很快上手，依靠庞大的语料迅速成稿，但是目前还难以真正触及语言的深层结构。资源建设必须靠有语言学专业知识的人进行方法论上的指导，并针对每一个细节进行精雕细刻，这也决定了资源建设是一个高度依赖语言专家的长周期工作任务，不适于快速开发部署、快速盈利。

知识服务得益于语义资源建设，立足于移动互联网时代完善的信息基础设施、丰富的信息资源和专业的信息服务，反过来提高了语义的地位，促进语义研究和语义资源建设的进一步发展。

1.5 小结

本章概述了自然语言处理的基本概念、两种基本研究方法、任务的五个层次及其主要基本任务、发展趋势等。

2

分类问题与自然语言处理

分类是数据挖掘的一种非常重要的方法,是在已有数据的基础上训练一个分类函数或构造出一个分类模型[即通常所说的分类器(Classifier)]。该函数或模型能够把集中的数据记录映射到给定类别中的某一个,从而可以应用于数据预测。朴素贝叶斯分类是一种十分简单的分类算法,实现简单,学习与预测的效率都很高,被用在很多自然语言处理任务中,是目前公认的一种简单有效的分类方法。

2.1 分类问题概述

分类问题是机器学习中的一个核心任务,也是自然语言处理领域中经常遇到的问题,它旨在将输入数据(如文本、图像、声音等)分配到预定义的类别或标签中。在分类问题中,模型通过学习训练数据中的特征与类别之间的关系,来预测新数据的类别归属。例如,在图像识别中,分类模型可以将输入的图片分为猫、狗、车等不同的类别。分类问题可以是二分类(仅有两个类别,如真假、褒贬等)、多分类(多于两个类别的选择)或多标签分类(一个实例可以同时属于多个类别)。解决分类问题常用的算法包括决策树、随机森林、朴素贝叶斯分类器、支持向量机、神经网络等。分类问题的性能通常通过准确率、召回率、F1 综合指标等来评估。

2.1.1 分类问题的基本概念

分类(classification)是机器学习中最重要的一个任务,是依据事物特征将某个事物判定为属于预先设定的有限个类别中的某一类的过程。分类在日常生活中应用广泛,分类任务中样本的类别是预先设定的,分类属于有监督学习。分类问题包括二分类问题和多分类问题。如电子邮件中的垃圾邮件检测,只能有两类输出——"垃圾邮件"和"非垃圾邮件",因此,这是一个典型的二分类问题。

分类和回归不同:对连续型变量做预测叫回归,对离散型变量做预测叫分类。分类是一个有监督的学习过程,目标数据集中有哪些类别是已知的,分类过程需要做的就是把每一条记录归到对应的类别之中。由于必须事先知道各个类别的信息,并且所有待分类的数据条目都默认有对应的类别,因此分类算法也有其局限性,当上述条件无法满足时,我们就需要尝试聚类分析。

在数学上,分类的概念很简单,就是给出一个样本 x,判断样本所属的类别 y,分类器就是映射函数 $f:y=f(x)$。当然,这个函数是需要根据以往的经验(大量已知类别的样本集)来构造的。这个构造的过程称为训练,而如何构造就是分类算法了。常用的分类算法包括 K 近邻算法(K-nearest neighbor algorithm,KNN)、逻辑回归、决策树和随机森林、朴素贝叶斯分类算法等。

2.1.2 分类问题的形式表示

分类问题是指根据给定的数据集(通常包含输入特征和对应的标签),训练一个模型,使得该模型对新的、未见过的输入数据,能够预测其所属的类别或标签。在形式化表示之前,我们需要明确几个关键概念:

输入特征(input features):表示数据的属性或维度,用于描述或量化数据。

标签(labels):也称为类别或目标变量,是数据集中每个实例对应的输出值,用于指示该实例所属的类别。

分类器(Classifier):经过训练后能够根据输入特征预测标签的模型或函数。

分类问题作为机器学习中的一项基础且应用广泛的任务,其形式化表示涉及数学和算法的多个方面。下面将给出一个相对简洁而全面的分类问题形式化表述。

1)数据集表示

设数据集为 $D=\{(x_1,y_1),(x_2,y_2),\cdots,(x_n,y_n)\}$,其中 n 是数据集中的样本数量,x_i 是第 i 个样本的输入特征向量(通常是一个多维空间中的点),y_i 是对应的标签或类别,且 $y_i \in Y$,Y 是所有可能标签的集合。

对于二分类问题,$Y=\{0,1\}$ 或 $Y=\{-1,1\}$。

对于多分类问题,$Y=\{1,2,\cdots,k\}$,其中 k 是类别的数量。

对于多标签分类问题,Y 是标签集合的幂集的一个子集,即每个样本可以同时拥有多个标签。

2)分类器模型

分类器可以看作一个从输入特征空间到标签空间的映射函数 $f:X \rightarrow Y$,其中 X 是输入特征空间。在实际应用中,分类器通常通过某种学习算法从训练数据中学习得到。

参数化表示:许多分类器可以表示为参数化模型,即 $f(x;\theta)$,其中 θ 是模型的参数,通过训练过程进行优化。

决策边界:在输入特征空间中,分类器通过决策边界(或决策面)将不同类别的样本分开。决策边界是模型参数的函数,对于二分类问题,决策边界通常是一个超平面或更复杂的曲面;对于多分类问题,则可能涉及多个决策边界。

3)损失函数与优化

分类器的训练过程通常涉及最小化一个损失函数(或称为代价函数),该函数衡量了模型预测值与实际值之间的差异。

损失函数:对于分类问题,常用的损失函数包括 0-1 损失、交叉熵损失(在多分类问题中尤为常用)、对数损失(常用于逻辑回归)、铰链损失(支持向量机)等。

优化算法:通过优化算法(如梯度下降、随机梯度下降、牛顿法、拟牛顿法等)来迭代更新模型参数,以最小化损失函数。

4)评估指标

分类器的性能通常通过一系列评估指标来量化,这些指标帮助我们判断模型的优劣。

准确率(accuracy):正确分类的样本数占总样本数的比例。

精确率(precision)、召回率(recall)和F1分数:在多类或多标签分类问题中,这些指标用于衡量每个类别的分类性能。

混淆矩阵(confusion matrix):提供了一个更全面的分类性能概览,包括真正例(TP)、假正例(FP)、真反例(TN)和假反例(FN)的数量。

ROC曲线与AUC值:用于评估二分类问题的性能,ROC曲线显示了不同阈值下真正例率和假正例率之间的关系,AUC值则是ROC曲线下的面积,值越大表示模型性能越好。

分类问题的形式化表示涉及数据集的定义、分类器模型的构建、损失函数的选择与优化算法的应用,以及最终通过评估指标来量化模型的性能。这个过程是机器学习领域中的一个重要环节,不仅要求我们对数据有深入的理解,还需要我们掌握各种算法和技术的细节。

2.1.3　分类问题的实现过程

分类问题作为机器学习中的核心问题之一,其求解过程主要可以概括为两大关键阶段:学习(训练)阶段和预测(分类)阶段。这两个阶段共同构成了分类算法从数据学习到实际应用的完整流程。

1)学习(训练)阶段

学习阶段,也称为训练阶段,是分类问题求解的第一步。在这一阶段,算法通过给定的训练数据集来学习并构建一个分类模型或分类器。训练数据集通常由一系列已经标记好类别的样本组成,每个样本都包含了一系列特征和一个对应的类别标签。

主要步骤包括:

数据预处理:首先,需要对训练数据进行预处理,包括数据清洗(去除噪声、处理缺失值等)、数据转换(如归一化、标准化等)以及特征选择或降维等步骤,以提高模型的训练效率和性能。

模型选择:选择合适的分类算法或模型是这一阶段的重要任务。根据问题的特点和数据集的属性,可以选择决策树、随机森林、支持向量机、朴素贝叶斯、K-近邻算法或逻辑回归等不同的分类算法。

模型训练:利用预处理后的训练数据集对选定的分类算法进行训练。在训练过程中,算法会学习数据中的模式,并构建一个能够准确预测新样本类别的模型。训练过程通常涉及参数的调整和优化,以提高模型的分类性能。

模型评估:训练完成后,需要使用验证数据集(通常是从训练数据集中独立划分出来的一部分)对模型的性能进行评估。评估指标包括准确率、精确率、召回率、F1分数等,这些指标能够帮助我们了解模型在不同方面的表现,并据此对模型进行进一步的优化。

2）预测（分类）阶段

预测阶段，也称为分类阶段，是分类问题求解的第二步。在这一阶段，已经训练好的分类模型被用于对新的、未标记类别的样本进行分类预测。

主要步骤包括：

数据输入：将待分类的样本输入到已经训练好的分类模型中。这些样本同样包含了一系列特征，但没有对应的类别标签。

特征提取：对某些算法和模型来说，可能还需要对待分类样本进行特征提取操作，以提取出对分类有用的关键信息。

分类预测：利用分类模型对输入的特征进行计算和推理，最终得出一个或多个类别标签作为预测结果。预测结果的准确性和可靠性取决于模型的性能以及输入数据的质量。

结果输出：将分类预测的结果输出给用户或用于后续的处理和分析。根据实际需求，预测结果可以以不同的形式呈现，如类别标签、概率分布等。

综上所述，分类问题的求解过程可以概括为学习（训练）阶段和预测（分类）阶段。在学习（训练）阶段，通过训练数据集构建并优化分类模型；在预测（分类）阶段，利用训练好的模型对新的样本进行分类预测。这两个阶段相互关联、相互依赖，共同构成了分类问题求解的完整流程。

2.1.4　NLP 领域中的分类问题

在自然语言处理领域，许多复杂问题本质上都可以被视作分类问题。分类问题作为机器学习中的一项基础任务，其核心在于根据给定的特征将样本划分为不同的类别。在自然语言处理中，由于文本数据的特殊性和复杂性，分类问题显得尤为重要。以下将举出几个具体例子来说明这一点。

1）词位标注汉语分词

词位标注汉语分词技术把分词过程看作每个字的词位标注问题，将汉语分词问题转换为字的词位分类问题。

汉语中的每个词语是由一个字或多个字组成的，例如，"天空""今天"是两个字组成的词语，"异想天开"是四字词语，"天"是单字词。而构成词语的每个汉字在一个特定的词语中都占据着一个确定的构词位置，即词位。本书中我们可以规定字只有四种词位：B（词首）、M（词中）、E（词尾）和 S（单字成词）。也可以规定字有六种词位：B（词首）、B2（词的第 2 个字）、B3（词的第 3 个字）、M（词中）、E（词尾）和 S（单字成词）。由此，四字词"异想天开"标注每个字的词位后就是"异/B 想/M 天/M 开/E"。同一个汉字在不同的词语中可以占据不同的词位，例如，汉字"天"在天空、今天、异想天开、天中的词位依次是：词首 B、词尾 E、词中 M、单字词 S。词位标注汉语分词技术就是把分词过程看作每个字的词位标注问题。如果一个汉语字串中每个字的词位都确定了，那么该字串的词语切分也就完成了。例如要对字串"当希望工程救助的百万儿童成长起来。"进行分词，只需求出该字串的词位标注结果(1)，根据词位标注汉语分词的基本思想，由词位标注结果就很容易得到相应的分词结果(2)了。

（1）词位标注结果：当/S 希/B 望/M 工/M 程/E 救/B 助/E 的/S 百/B 万/E 儿/B 童/E 成/B 长/E 起/B 来/E。/S

（2）分词结果：当　希望工程　救助　的　百万　儿童　成长　起来。

需要注意的是，由于汉语真实文本中还包含少量的非汉字字符，所以基于字的词位标注中所说的字不仅仅指汉字，还包括标点符号、西文字母、数字等其他非汉字字符。

2）汉语词性标注

词性标注的任务是，根据一个词在某个特定句子中的上下文，为这个词标注正确的词性，其本质上是一个分类问题。汉语词性自动标注问题也是中文信息处理领域的基础性研究课题，它的分析结果直接影响到语法分析、语义分析、语音识别、机器翻译、信息检索、信息过滤等诸多领域的研究。

例如，对于句子"我喜欢吃苹果"，词性标注模型会将其处理为"我/r 喜欢/v 吃/v 苹果/n"，其中"r"代表代词，"v"代表动词，"n"代表名词。这个过程同样是一个多分类问题，每个词都需要被分配到正确的词性标签中。通过考虑词的上下文信息、形态特征和语义关系等因素，词性标注模型能够更准确地判断每个词的词性。

3）情感分析

情感分析（也称为情感计算）是自然语言处理中的一个重要应用，它旨在识别和分析文本中所表达的情感倾向，如正面、负面或中性。这个问题本质上是一个分类问题，因为算法需要将输入的文本数据划分为预定义的情感类别之一。

具体例子：

假设我们有一个电商平台上的商品评论数据集，每条评论都包含了用户对商品的看法和感受。我们的目标是构建一个情感分析模型，该模型能够自动判断每条评论的情感倾向是正面、负面还是中性。为了实现这一目标，我们首先需要收集并标注大量的评论数据作为训练集，然后选择合适的分类算法（如朴素贝叶斯、支持向量机、深度学习模型等）进行模型训练。在训练过程中，算法会学习评论中的词汇、句法和语义特征，并将这些特征与情感类别建立关联。最终，训练好的模型能够对新的评论进行情感分类，帮助电商平台了解用户对商品的满意度。

4）垃圾邮件过滤

垃圾邮件过滤是另一个典型的自然语言处理分类问题。在这个问题中，算法需要识别并过滤掉那些未经请求或不受欢迎的电子邮件，即垃圾邮件。这同样是一个二分类问题，即将邮件划分为"垃圾邮件"和"非垃圾邮件"两个类别。

具体例子：

电子邮件服务提供商通常会部署垃圾邮件过滤系统来保护用户的收件箱免受垃圾邮件的侵扰。这些系统通过分析邮件的标题、正文、发件人地址等特征来判断邮件是否为垃圾邮件。为了实现这一目标，服务提供商会收集大量的垃圾邮件和非垃圾邮件样本作为训练数据，并使用机器学习算法（如朴素贝叶斯、决策树、深度学习等）进行模型训练。在训练过程中，算法会学习垃圾邮件的典型特征（如常见的垃圾邮件词汇、发件人地址模式等），并构建分类模型。当新的邮件到达时，系统会将其特征输入到分类模型中进行预测，并根据预测结果决定是否将其过滤为垃圾邮件。

由上述可知,说明了自然语言处理领域中的许多复杂问题在本质上都是分类问题。通过选择合适的分类算法和特征表示方法,我们可以构建出有效的分类模型来解决这些问题。随着机器学习技术的不断发展和进步,我们有理由相信,自然语言处理领域中的分类问题将会得到更加深入和广泛的研究和应用。

2.2　朴素贝叶斯分类的原理

朴素贝叶斯分类器是统计语言模型中最简单的一种,但其性能并不差,它经常作为一种分类方法用于很多统计机器学习任务中。该分类方法是目前公认的一种简单有效的分类方法,它是一种应用基于独立性假设的贝叶斯公式的简单概率分类方法,有着广泛的应用,如模式识别、自然语言处理、规划编制等领域。在朴素贝叶斯分类方法的研究与应用中,该方法也有许多改进及优化。朴素贝叶斯分类方法形式化描述如下:

在分类问题中,常常需要把一个事物划分类别。一个事物具有很多特征,把它的众多特征看作一个向量,即 $F = (F_1, F_2, \cdots, F_n)$,用 F 这个特征向量来表征这个事物。假定有 m 个类别,用集合 $C = \{C_1, C_2, \cdots, C_m\}$ 表示。朴素贝叶斯分类就是由给定的一个数据样本 F,来求解 F 属于某个类别 C_i 的概率:$P(C_i|F)$。一般情况下,直接计算条件概率 $P(C_i|F)$ 比较困难,而概率 $P(C_i)$、$P(F|C_i)$ 可以从训练数据集中求得。根据贝叶斯公式:

$$P(C_i \mid F) = \frac{P(C_i)P(F \mid C_i)}{P(F)} \tag{2-1}$$

可以将后验概率 $P(C_i|F)$ 的求解转换为先验概率 $P(C_i)$ 和 $P(F|C_i)$ 的求解。又由于假设表征数据样本 F 的各特征相互独立,所以

$$P(F \mid C_i) = \prod_{k=1}^{n} P(F_k \mid C_i) \tag{2-2}$$

由于 $P(F)$ 对于所有类别都相同,显然

$$\operatorname*{argmax}_{C} P(C_i \mid F) = \operatorname*{argmax}_{C} \frac{P(C_i)P(F \mid C_i)}{P(F)}$$
$$= \operatorname*{argmax}_{C} P(C_i)P(F \mid C_i) \tag{2-3}$$

根据以上论述可知,在朴素贝叶斯分类器的结构(如图 2-1 所示)中,只有一个类节点,其他节点表示分类事物的各个特征属性,每个属性节点有且只有一个父节点,即类节点,且各个属性节点之间是相互独立的。由图 2-1 所示结构,根据朴素贝叶斯分类原理,对一个未知类别的样本 F,可以先分别计算出 F 属于每个类别 C_i 的概率 $P(C_i|F)$,然后选择概率最大的作为其类别。

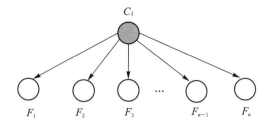

图 2-1　朴素贝叶斯分类器的图形结构

2.3　数据稀疏与数据平滑

2.3.1　数据稀疏问题

数据稀疏一直是统计自然语言处理技术无法回避的问题,如何解决数据稀疏问题也是衡量自然语言处理系统的一个重要方面。

产生数据稀疏问题的主要原因有两个,一个是特征维数,另一个是训练语料的规模,其中语料的规模是根本原因。特征维数是指特征的数量,如果特征维数高,就需要统计更多的实例。语料的实例覆盖度一般与语料规模成正比,对高维特征的统计需要规模更大的语料支持,否则就会出现严重的数据稀疏现象。对于语料来说,规模越大,包含的信息就会越多,如果在语料中训练语言模型的参数,规模小就会有某些需要统计的信息统计不到,从而出现数据稀疏问题,语料规模越小,稀疏问题就会越严重。

例如,一个基于统计的计算语言模型以概率分布的形式描述了任意语句(字符串)s属于某种语言集合的可能性。也就是说,$P(s)$试图反映的是字符串 s 作为一个句子出现的概率。例如,$P(他/吃了/一个/苹果) \approx 0.03$,$P(我们/去/上学/了) \approx 0.02$,$P(苹果/吃/梨) \approx 0$,这里并不要求句子是完备的,语言模型本身和句子是否合乎语法是没有关系的,该模型只是对任意的句子 s 都给出一个概率值。

假定词是一个句子最小的结构单位,并假设一个语句 s 是由 $s = w_1, w_2, \cdots, w_n$ 组成,则其概率计算公式可以表示为

$$P(s) = p(w_1)p(w_2|w_1)p(w_3|w_1w_2) \cdots p(w_n|w_1w_2...w_{n-1}) = \prod_{i=1}^{n} p(w_i|w_1w_2\cdots w_{i-1})$$

$$(2-4)$$

也就是说,产生第 i 个词的概率是由已经产生的 $i-1$ 个词的 $w_1w_2\cdots w_{i-1}$ 决定的。一般地,我们可以把前面的 $i-1$ 个词称为第 i 个词的历史。因此,按照这种计算方法,随着历史长度的增加,不同的历史数目会按指数级增加。而实际上,绝大多数的历史就不可能出现在训练数据中。例如,对于二元模型而言,$p(w_i|w_1w_2\cdots w_{i-1}) = p(w_i|w_{i-1})$ $(1 \leq i \leq n)$,即 w_i 只与它的前一个词 w_{i-1} 有关,则对于

$$P(s) = \prod_{i=1}^{n} p(w_i|w_{i-1})$$

为了使得 $p(w_i|w_{i-1})$ 对于 $i=1$ 有意义,必须引进一个起始的词 w_0,并且假定 $p(w_1|w_0)=p(w_1)$,并且满足所有的 $\sum_s P(s)=1$。$p(w_i|w_{i-1})$ 可以采用很多方法进行估算,一种被广泛采用的称为最大相似度估计的方法用式(2-5)进行估算:

$$p(w_i \mid w_{i-1}) = \frac{count(w_{i-1}w_i)}{\sum_{w_i} count(w_{i-1}w_i)} \tag{2-5}$$

其中,$count(w_{i-1}w_i)$ 为词对 $(w_{i-1}w_i)$ 在训练数据中出现的次数。用于估算基于统计的计算语言模型中的概率分布的训练语料库文本称为训练语料,根据训练数据估算 $p(w_i|w_{i-1})$ 这类概率分布的过程称为训练。

当训练语料没有达到理想的规模和覆盖广度时,就无法将所有可能出现的词都包含在内,就会出现很多的低频次,无论训练语料的规模如何扩大,其出现频率仍旧很低,甚至根本就不出现。如果采用最大相似度法进行估算的话,将出现大量的 $p(w_i|w_{i-1})$ 被赋值为零,这样就会造成偏差而不能真实地对现实的语言模型做出反应。因为这些词虽然没有出现在训练语料库中,但却可能出现在实际问题中。进行计算时,估计概率值为零的词组会影响整个句子的概率,造成整句的概率为零,无法通过求概率的方法获得最优解,导致算法失败。如果某事件的最大似然估计概率值为零,而这些事件在实际问题中是有可能出现的,即真实概率并不一定为零,这样的问题就被描述为数据稀疏问题。

解决数据稀疏问题,应该针对问题产生的原因选择合适方法。对于特征维数过高的问题,主要考虑如何降维,减少特征的数量。在不影响模型效果的前提下,采用有效的降维方法是解决数据稀疏问题的主要出发点,另外在条件允许的情况下,适当增加语料的规模也是收效显著的解决方案。对于训练语料规模过小造成的数据稀疏问题,解决的办法也只有增加语料的规模了。在有指导的学习中,需要用到标注语料,而这样的语料规模往往很小,所以数据稀疏问题也很严重。词语潜在依存强度获取算法在复杂特征集上进行,可以解决参数估计中的数据稀疏问题。此外,数据平滑技术(data smoothing)能够解决这一类问题,它通过调整 $p(w_i|w_{i-1})$ 这类概率分布的取值方法,避免句子概率为零的情况。

2.3.2 数据平滑技术

数据稀疏问题在基于统计方法的模型处理中尤为突出,通过引入平滑技术就可以很好地解决这一问题,提高模型的效果。假使有这样极端的条件:训练语料库足够大,能保证所有的参数都能够在不用平滑技术的前提下,得到最准确的训练。在这样的条件下,可以不断对模型进行扩展,如提高模型的阶数来获得更佳的效果。但是这样就会使得模型参数的数据再次变得稀疏。但是只要采用恰当的平滑技术,就可以使扩展之后的模型比原有模型更准确。因此,无论训练语料有多么完善,平滑技术总可以通过很小的代价使得模型效果有较大的提高。

平滑技术对概率的最大似然评估做了调整,以提高概率的准确性。由于它总是趋向于使分布更加统一,提高低概率、降低高概率,因而被称为"平滑"。数据平滑技术是构造统计语言模型的核心技术,但文献中缺乏对现有的各种数据平滑方法的系统评价,只有

Nadas、Katz、Church 和 peto 等在固定规模的语料库上对极少数的数据平滑算法进行了比较。目前有很多常见的平滑算法,如加一平滑算法、Good-Turning 平滑等,可以采用这些平滑算法提高模型效果。下面简单论述一些平滑方法。

1)加一平滑

加一平滑是实际应用中最简单的一种平滑技术,它假设每个事件都比实际出现的次数多一,这样就能避免零概率的出现。形式如下:

$$p(w_i \mid w_{i-1}) = \frac{1 + c(w_{i-1}w_i)}{\sum_{w_i}[1 + c(w_{i-1}w_i)]} = \frac{1 + c(w_{i-1}w_i)}{|V| + \sum_{w_i}c(w_{i-1}w_i)} \tag{2-6}$$

这里的 V 代表了训练语料中不同单词的数目,并且应该是有限的,通常固定为几万词。因为如果是无限的,那么分母也将是无穷大,计算的所有概率都会变成零。另外,也有另外一种被泛化的形式:

$$p_{\text{add}}[w_i \mid w_{(i-n+1)i-1}^{i-1}] = \frac{\delta + c[w_{(i-n+1)i-1}^{i-1}]}{\delta|V| + \sum_{w_i}\{c[w_{(i-n+1)i-1}^{i-1}]\}} \tag{2-7}$$

也就是说,我们认为模型比实际多出现 δ 次,通常 $0 \le \delta \le 1$。加一平滑即 $\delta = 1$ 的情况,Gale 认为这种方法一般表现比较差。

2)Good-Turning 平滑方法

Good-Turning 平滑方法是很多平滑技术的核心。这种方法是 1953 年由 I.J.Good 引用图灵(Turning)的方法提出来的,其基本的思路是:对于任何一个出现 r 次的 n 元语法,都假设它出现了 r^* 次,这里 $r^* = (r+1)\dfrac{n_{r+1}}{n_r}$。其中,$n_r$ 是训练语料中恰好出现 r 次 n 元语法的数目。要把这个统计数转化为概率,只需要进行归一化处理:对于统计数为 r 的 n 元语法,其概率为 $p_r = \dfrac{r^*}{N}$。其中,$N = \sum_{r=0}^{\infty} n_r r^*$,可以得出:

$$N = \sum_{r=0}^{\infty} n_r r^* = \sum_{r=0}^{\infty}(r+1)n_{r+1} = \sum_{r=1}^{\infty} n_r r \tag{2-8}$$

也就是说,N 等于这个分布中最初的计数。这样,样本中所有事件的概率之和为

$$\sum_{r=1}^{\infty} n_r p_r = 1 - \frac{n_1}{N} < 1 \tag{2-9}$$

因此,有 n_1/N 的概率剩余量可以分配给所有未见事件($r=0$)。

Good-Turning 估计公式中缺乏利用低元模型对高元模型进行线性插值的思想,它通常不单独使用,而是作为其他平滑算法中的一个计算工具。

2.4　基于朴素贝叶斯的"听其名,知其性"

朴素贝叶斯分类器是一种基于概率统计的分类方法。朴素贝叶斯分类方法是基于条件"独立性假设",因此它适合于处理属性个数较多的分类任务,如垃圾邮件分类、文本

自然语言处理原理与实践

分类、情感分析等。可以将朴素贝叶斯分类器应用于各种分类问题中，"听其名，知其性"就是从中文人名判定性别，是一个典型的二分类问题。本节基于朴素贝叶斯分类器实现"听其名，知其性"。

2.4.1 "听其名，知其性"基本思路

近年来，随着互联网的迅猛发展，人们逐渐习惯运用网络进行各种交易或者社交活动，产生了大量的网络数据，并吸引了众多的研究人员对这些数据进行分析，比如可以分析网络上的一些在线用户潜在的特征、用户之间的关系、用户的兴趣等。目前，用户的性别特征研究渐渐受到了关注，获取用户性别可以应用在很多领域中，如一些广告的宣传、产品的市场推广等方面。性别分类是一个典型的二分类问题，故可以采用朴素贝叶斯分类方法进行，人类的特征有很多，对于用户的性别，一种最简单的方法就是利用用户的人名进行判定。

姓名是人类为区分个体而赋予每个人特定的名称符号。人的命名受历史、时代、社会、民族、家庭等诸多文化因素影响。中文人名根据用字多少，可分为单字名、双字名、三字名、三字以上名。统计发现，中文人名以双字名为主，单字名次之，三字名及以上的极其少见。中文人名中传承着浓厚的文化内涵，人名用字具有较强的性别区分性，从人名一般便可知其是男性或女性。采用朴素贝叶斯原理进行中文人名性别判定时，给定一些训练样本(x,y)，其中x表示名字，y表示性别，可根据这些已知的样本构建一个能够对实际问题进行准确描述的统计模型$p(y|x)$，用来预测中文人名的性别。

构建模型时，首先要解决名字x的特征问题，即用哪些特征来表示名字x，以便于进行性别判定。然后是性别判定的依据，即条件概率$p(y|x)$的求解问题。

从中文人名判定性别，本质是根据给定的名字x，求解条件概率$p(y|x)$。其中y的取值有两个{男性，女性}。例如，判定一个姓名为"李秀丽"的人的性别，需要分别求出$p(y=$男$|x=$秀丽$)$，$p(y=$女$|x=$秀丽$)$，取条件概率值大的来决定性别即可。

对一个中文姓名 Name，设 Name $= X_0 X_1 X_2$，X_0 为姓氏，X_1 为名字中的第一个字，即字$_1$，X_2 为名字中的第二个字，即字$_2$。$X_1 X_2$ 就是名字中字$_1$、字$_2$ 的组合，对双字名来说就是整个名字。在人名结构中，可以选取 X_1、X_2、$X_1 X_2$ 作为中文人名的特征，这三个特征的组合构成的特征向量可以表征中文人名，例如：特征向量$(X_1$、X_2、$X_1 X_2)$是全特征组合。根据人名判定性别时可以根据部分特征，也可以是某些特征的组合。如名字"秀丽"，可以用"秀"来表示名字的特征，也可以用"丽"来表示名字的特征，或者是二者的组合。然而，给定名字x，直接根据条件概率的定义公式[式(2-10)]来求解$p(y|x)$难度较大。

$$P(y \mid x) = \frac{P(y,x)}{P(x)} \tag{2-10}$$

根据贝叶斯公式，可以转换为先验概率$p(y)$、$p(x|y)$（y取值为男性或女性）的求解。这里假设表征中文人名的特征向量中的各特征相互独立，故可得：

$$P(x \mid y) = \prod_{k=1}^{n} P(x_k \mid y_i) \tag{2-11}$$

在对朴素贝叶斯分类器进行训练时，可以从中文人名训练语料中用最大似然估计得

到以上这些先验概率值。求解公式如下所示。

$$p(y\,\text{为男性}) = \frac{\text{人名语料中男性个数}}{\text{训练语料中人名个数}}$$

$$p(x_i \mid y\,\text{为男性}) = \frac{\text{男性人名中该特征频次数}}{\text{人名语料中男性人名个数}} \tag{2-12}$$

女性相关先验概率的求解类似。

2.4.2 "听其名,知其性"原型系统

在综合了上面讨论的朴素贝叶斯由姓名判别性别的基本思想后,我们实现了一个基于朴素贝叶斯的姓名判别性别系统,编程环境为 VC++6.0,输入为单一的姓名或包含姓名的文件,可以通过姓名判别出对应的性别。

1)姓名判别性别系统的功能模块

基于姓名判别性别系统的功能模块如图 2-2 所示。

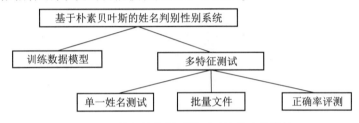

图 2-2　基于姓名判别性别系统的功能模块

(1)训练数据模块

此模块的主要目的是运用朴素贝叶斯原理,用训练语料得到朴素贝叶斯的数据模型。在本系统中的中文人名数据,剔除极少数不可使用的人名数据后,共有 412775 个中文人名数据。表 2-1 给出了该人名语料数据的一些统计信息。

表 2-1　中文人名语料相关统计信息

	总个数	单字人名	二字人名	其他
男性人名	237656	21212	216417	27
女性人名	175119	20713	154384	22

在对语料进行训练时,将全部的语料按照 7∶3 的比例划分,70% 作为训练语料,30% 作为测试语料。

(2)测试数据模块

在测试数据模块,可以由单一的某一个人的姓名判别其性别,也可以对文件进行批量处理。测试过程中,可以根据不同特征的训练得到的数据模型进行测试。对从中文人名判定性别进行评估时,采用的评测指标是判定准确率。判定准确率表示,在对测试集中人名进行的全部性别判定中,正确判定所占的比率。计算公式如下:

$$\text{判定准确率} = \frac{\text{正确判定性别的人名数}}{\text{测试数据中的人名数}} \tag{2-13}$$

2) 系统中部分算法的具体实现

（1）训练模块

训练过程中应该分别统计出每个特征出现的次数和概率。为此，建立训练样本的数据结构。

```
typedef struct name
{
    char * * word; //存储 Xi,即中文人名的特征如:字 1
    int * number; //特征出现的次数
    long int sum; //特征出现的总次数
    long int size; //空间的大小
}Name;
```

从训练语料文件中读取姓名信息，统计分析 X_i 的特征情况。

```
/*读取一个人名,fp 为文件指针,指向读取的第一个训练样本,ch 用来保存所读取的姓名和性别信息,n 保存字的个数*/
Status GetName(FILE * fp,char ch,int &n)
{
    char c,ch2;
    ch2=' \0';
      if(! feof(fp))
        for(n=0,c=fgetc(fp);c! =' \n' &&! feof(fp);c=fgetc(fp))/*在文件没有到达末尾以及读完一行姓名性别后,循环结束*/
            {
            if(c= =' ' )
                continue;
            else
            {

                fseek(fp,-1L,1);//文字定位
                fread(ch2,sizeof(char),2,fp);//从当前位置开始读取 2 个字节
                strcpy(ch,ch2);
                ch=' \0';//对汉字加上字符串结束符
                n++;
            }
            }
    return OK;
}
```

读取一个训练样本后，如读取了"李志强 男"或者是"姜文 男"，由读取的训练样本的单字和双字，得到该训练样本的类别，其具体的代码实现如下。

```
/*得到训练样本的性别信息,保存在 sex 中*/
void Judge(char ch,int n,int &sex)
{
        if(n= =4) //说明是双字名,第四个汉字为性别
        {
            if(strcmp(ch,"男")= =0)
                sex=Man;
            else
                sex=Woman;
        }
        else
            if(n= =3)//单字名,第三个汉字为性别
            {
                if(strcmp(ch,"男")= =0)
                    sex=Man;
                else
                    sex=Woman;
            }
            else
                if(n= =5)    //复姓姓名,第五个汉字为性别
                {
                    if(strcmp(ch,"男")= =0)
                        sex=Man;
                    else
                        sex=Woman;
                }
}
```

在训练样本中,X_1、X_2、X_1X_2 作为中文人名的特征,如果性别类别为男性,说明 X_1、X_2、X_1X_2 可以表征男性类别,则将其加入男性性别判别的模型中,否则将其加入女性性别判别的模型中。在训练过程中,考虑了双字名、单字名和复姓名字三种情况。

```
/*Nam1 为 X₁ 的数据模型,Nam2 为 X₂ 特征的数据模型,Nam3 为 X₁X₂ 特征的数据模型*/
Status ChooseInsert(Name &Nam1,Name &Nam2,Name &Nam3,char ch,int n)
{
    char ch3;
    if(n= =4)//双字名
    {
        strcpy(ch3,ch);
        strcat(ch3,ch);
        ch3=' \0' ;
        Inserting(Nam1,ch,3);//保存字 1 特征
```

```
            Inserting(Nam2,ch,3);//保存字2特征
            Inserting(Nam3,ch3,5);////保存字1字2特征

        }
    else
        if(n==3)//单字名
        {
            ch3=ch3=' ';
                ch3='\0';
                strcat(ch3,ch);
                ch3='\0';
                Inserting(Nam1,"   ",3);
                Inserting(Nam2,ch,3);
                Inserting(Nam3,ch3,5);
        }
        else
            if(n==5)//复姓
            {

            strcpy(ch3,ch);
            strcat(ch3,ch);
            ch3='\0';
            Inserting(Nam1,ch,3);
            Inserting(Nam2,ch,3);
            Inserting(Nam3,ch3,5);

            }


    return OK;
}
/*统计出在Xᵢ特征数量*/
Status Inserting(Name &Nam,char ch[],int n)
{

    long int i;
    for(i=0;i<Nam.sum;i++)//查询Xᵢ样本特征是否存在
        if(strcmp(ch,*(Nam.word+i))==0)
            break;
    if(i>=Nam.sum)//样本特征不存在,
    {
        strcpy(*(Nam.word+Nam.sum),ch);//加入特征及其数量
        Nam.number++;/*数量++*/
        Nam.sum++;//总数量增加
```

```
    }
    else
        Nam.number++;//样本存在,则数量增加
    return OK;
}
```

通过以上的分析和处理,可以得到训练样本的数据模型,即朴素贝叶斯模型的参数。

（2）测试模块

在测试模块中,主要是根据朴素贝叶斯的原理,以及训练样本的数据模型,对测试数据进行测试,即给出一个从人名判别其性别的过程。本系统直接将训练得到的模型参数集成到了测试模块中,测试模块可以进行单一测试,也可以进行批量测试,还可以测试其判定的准确率。在测试过程中,为方便实现,定义了存放特征语料的类。

```
class Name
{
private:
    char * * word;//特征
    int * number;//特征对应数量
    long int size;//特征数组的大小
public:
    Name(char * FileName,long int &sum , int n);//sum 保存类别出现的次数
    ~Name();
    void Searching(char * nam ,int &n);
}
```

其中包含可以查询某特征的对应数量功能 Searching。其实现如下:

```
void Name::Searching(char * nam ,int &n)
{
    long int i;
    for(i=0;i<size;i++)
        if((strcmp(nam,word))==0)
            break;
    if(i>=size)
        n=1;
    else
        n=number;
}
```

然后根据名字和前期得到的训练模型判别性别,"n"代表了判别过程中所选用的特征。

```
//根据要求测试名字所属性别
int CTestDlg::Test(char name,int n)
{
        int m1,m2,m3,w1,w2,w3;
```

```
char nam,nam3;
float Pm,Pw;
Judge(name,nam,nam3);
if(n==1||n==2||n==6)//考虑特征 X_1,X_2,X_1X_2,全特征下朴素贝叶斯的分类结果
{
    NameWord->Searching(nam ,m1);//在被识别为男性的类别中特征 X_1 出现的次数。
    NameWord->Searching(nam ,m2);//在被识别为男性的类别中特征 X_2 出现的次数。
    NameWord->Searching(nam3,m3);//在被识别为男性的类别中特征 X_1X_2 出现的次数。
    NameWord->Searching(nam ,w1);//在被识别为女性性的类别中特征 X_1 出现的次数。
    NameWord->Searching(nam ,w2);//在被识别为女性性的类别中特征 X_2 出现的次数。
    NameWord->Searching(nam3,w3);//在被识别为女性性的类别中特征 X_1X_2 出现的次数。
    /* ((float)m1/sum)为在男性类别中 X_1 特征的条件概率,其他类似*/
    /* sum/(sum+sum))男性的先验概率*/
    Pm=((float)m1/sum) * ((float)m2/sum) * ((float)m3/sum) * ((float)sum/(sum+sum));
    /* ((float)w1/sum)为在女性类别中 X_1 特征的条件概率,其他类似*/
    /* ((float)sum/(sum+sum))为女性的先验概率*/
    Pw=((float)w1/sum) * ((float)w2/sum) * ((float)w3/sum) * ((float)sum/(sum+sum));
    if(Pm>Pw) //取概率较大者
        return 1;
    else
        return 0;
}
if(n==3)//考虑特征 X_2 下朴素贝叶斯的分类结果
{
    NameWord->Searching(nam,m2);//在被识别为男性的类别中特征 X_2 出现的次数
    NameWord->Searching(nam,w2);//在被识别为女性的类别中特征 X_2 出现的次数
    Pm=((float)m2/sum) * ((float)sum/(sum+sum));
    Pw=((float)w2/sum) * ((float)sum/(sum+sum));
    if(Pm>Pw)
        return 1;
      else
        return 0;
}
if(n==4)//考虑特征 X_1,X_2 特征下朴素贝叶斯的分类结果
{
    NameWord->Searching(nam ,m1);
    NameWord->Searching(nam ,m2);
    NameWord->Searching(nam ,w1);
    NameWord->Searching(nam ,w2);
    Pm=((float)m1/sum) * ((float)m2/sum) * ((float)sum/(sum+sum));
    Pw=((float)w1/sum) * ((float)w2/sum) * ((float)sum/(sum+sum));
    if(Pm>Pw)
```

```
                return 1;
        else
                return 0;
}


if(n==5)//考虑特征 X₂,X₁X₂ 特征下朴素贝叶斯的分类结果

{
    NameWord->Searching(nam ,m2);
    NameWord->Searching(nam3,m3);
    NameWord->Searching(nam ,w2);
    NameWord->Searching(nam3,w3);
    Pm=((float)m2/sum)*((float)m3/sum)*((float)sum/(sum+sum));
    Pw=((float)w2/sum)*((float)w3/sum)*((float)sum/(sum+sum));
}
if(Pm>Pw)
                return 1;
        else
                return 0;
}
```

程序分析:在程序中,((float)sum/(sum+sum))代表了 p(男性)的先验概率,((float) m1/sum)*((float)m2/sum)*((float)m3/sum)代表了不同特征下的条件概率,按照朴素贝叶斯的思想,即可求得某姓名所属类别的后验概率。整个测试模块中还包含了批量测试功能,该功能对于每一个待分类的姓名都调用了以上类别判别函数。对从中文人名判定性别进行评估时,采用的评测指标是判定准确率。判定准确率表示,在对测试集中人名进行的全部性别判定中,正确判定所占的比率。整个系统的运行效果如图 2-3 所示。

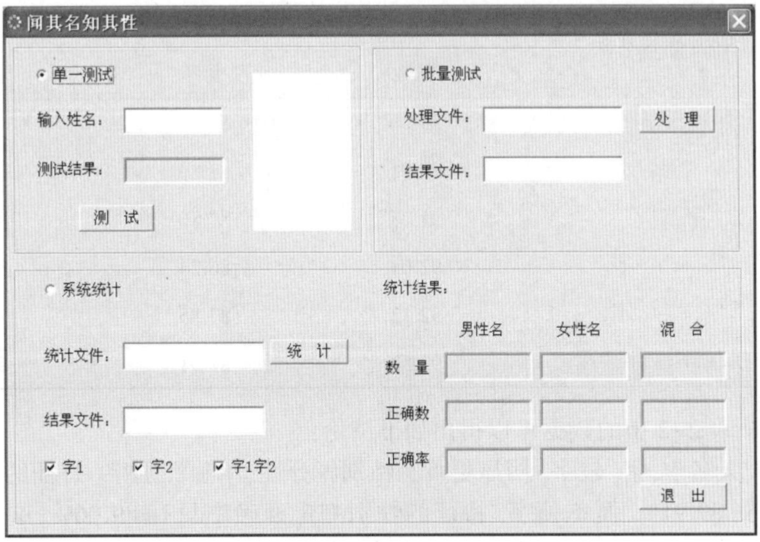

图 2-3　基于姓名判别性别系统的测试模块

点击"单一测试"单选按钮,输入姓名"李志强",进行性别判定,判定结果为"男性名",如图2-4所示。

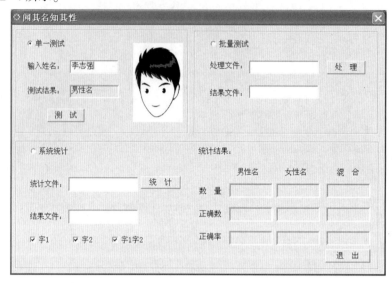

图2-4 基于姓名判别性别系统的运行效果图

在系统的系统统计功能子模块,还可以根据不同特征测试系统的正确率并记录在指定文件。

3)实验数据及结果分析

为了验证前述方法的判定性能,本书设计了相关实验,对比了不同特征向量对性别判定性能的影响,实验关注的是不同特征向量判定准确率的差异。使用不同特征向量分别于测试集上进行了测试,表2-2给出了测试的判定结果。

表2-2 不同特征向量的特征用户识别结果

序号	特征向量名称	识别准确率/%		
		男性	女性	综合
1	字$_1$	89.06	50.34	73.26
2	字$_2$	89.91	87.89	89.09
3	字$_1$+字$_2$	91.78	87.86	90.22
4	字$_1$+字$_1$字$_2$	92.01	86.24	89.61
5	字$_2$+字$_1$字$_2$	92.13	87.85	90.39
6	字$_1$+字$_2$+字$_1$字$_2$	92.52	87.91	90.64

综合分析表2-2中的数据可以得出如下结论:

(1)中文人名中,字$_2$较字$_1$明显更具有性别区分性,单独性别字$_2$特征的性别判定准确率平均达到89.91%,而单独字$_1$特征的性别判定准确率只有89.06%,这也验证了表2-2中的统计结果:字$_2$较字$_1$更有性别区分性。

(2)除了只有字$_1$特征的性别判定准确率较低外,其余5组特征向量的性别判定准确率比较接近,最高的是序号为 6 的特征向量,即全特征向量。

(3)对所有特征向量,男性人名的判定准确率都高于女性,特别是字$_1$特征组合的差别更大。

从以上例子可以看出,朴素贝叶斯分类方法根据姓名的特征提供了一种性别分类思想,该方法仅仅根据名字中的用字特征进行男女性别的判定,这套程序实现了从中文人名判定性别,从而模拟人的思维智能。

2.5 基于朴素贝叶斯的文本分类

计算机与网络技术自出现以来,发展迅速,并日趋完善,互联网已成为获取信息的主要渠道。由于网络中大部分信息是文本数据,作为有效组织与管理文本数据重要基础的文本自动分类已成为具有重要应用价值的研究领域。基于贝叶斯理论的朴素贝叶斯分类方法具有简单、有效、速度快的优点,成为文本分类算法的重点研究内容之一。

文本分类的一个关键问题就是分类器的设计,朴素贝叶斯分类器是文本分类中常用的方法,它是贝叶斯学习方法中最常用的方法,是一种简单而又非常有效的概率分类方法。朴素贝叶斯文本分类方法的一个前提假设是:在给定的文档集中,文档属性是相互独立的。其实质是首先利用贝叶斯条件概率公式,计算出已知文档属于不同文档类别的条件概率(即后验概率)。

朴素贝叶斯文本分类的任务就是将表示成为向量的待分类文本 $\boldsymbol{X}(x_1, x_2, \cdots, x_n)$ 归类到与其关联最紧密的类别 $\boldsymbol{Y}(Y_1, Y_2, \cdots, Y_n)$ 中去。其中,$\boldsymbol{X}(x_1, x_2, \cdots, x_n)$ 为待分类文本 $\boldsymbol{X}_q$ 的特征向量,$\boldsymbol{Y}(Y_1, Y_2, \cdots, Y_n)$ 为给定类别的类别体系。也就是说,求解向量 $\boldsymbol{X}(x_1, x_2, \cdots, x_n)$ 属于给定类别 $Y_1, Y_2, \cdots, Y_n$ 的概率值为 $(P_1, P_2, \cdots, P_n)$,其中 P_j 为 $\boldsymbol{X}(x_1, x_2, \cdots, x_n)$ 属于 $\boldsymbol{Y}_j$ 的概率,则 $\max(P_1, P_2, \cdots, P_n)$ 所对应的类别就是文本 $\boldsymbol{X}$ 所属的类别,因此,文本分类问题被描述为:求解式(2-14)的最大值。

$$P(y_j \mid x_1, x_2, \cdots, x_n) = \frac{P(x_1, x_2, \cdots, x_n \mid y_j) P(y_j)}{P(y_1, y_2, \cdots, y_n)} \qquad (2-14)$$

其中,$P(y_j)$ 代表训练文本集中,文本属于类别 y_j 的概率;$P(x_1, x_2, \cdots, x_n \mid y_j)$ 为分类文本属于类别 y_j 时类别 y_j 包含向量 $(x_1, x_2, \cdots, x_n)$ 的概率;$P(y_1, y_2, \cdots, y_n)$ 为给定的所有类别的联合概率。

显然,对于给定的所有类别,分母 $P(y_1, y_2, \cdots, y_n)$ 是一个常数,所以问题就转化为求解下式的最大值,

$$\underset{y_j \in Y}{\operatorname{argmax}} P(x_1, x_2, \cdots, x_n \mid y_j) P(y_j)$$

又根据贝叶斯假设,文本特征向量属性 $x_1, x_2, \cdots, x_n$ 独立分布,其联合概率分布等于各个属性特征概率分布的成绩,即

$$P(x_1, x_2, \cdots, x_n \mid y_j) = \prod P(x_i \mid y_j) \qquad (2-15)$$

故最后公式转化为求解

$$\operatorname*{argmax}_{y_j \in Y} P(x_1, x_2, \cdots, x_n \mid y_j) P(y_j) = P(y_j) \prod P(x_i \mid y_j) \qquad (2-16)$$

即用以分类的分类函数。

尽管已经推导出来分类函数,但是分类函数中的概率值 $P(y_j)$ 和 $P(x_i|y_j)$ 还是未知的,为了计算分类函数的最大值,需要根据训练样本计算先验概率 $P(y_j)$。其估算方式如下:

$$P(y_j) = \frac{N(Y = y_j)}{N} \qquad (2-17)$$

其中,$N(Y = y_j)$ 代表训练文本中属于类别 y_j 的文本数量,N 代表训练文本集的总数量。

$P(x_i \mid y_j)$ 条件概率的计算方式如下:

$$P(x_i \mid y_j) = \frac{N(X = x_i, Y = y_j)}{N(Y = y_j)} \qquad (2-18)$$

$N(X = x_i, Y = y_j)$ 表示文本中属于类别 y_j 包含属性 x_i 的训练文本的数量,$N(Y = y_j)$ 代表 y_j 类别中的训练文本数量。

一个完整的中文文本分类系统通常由如下几个功能模块组成:

(1)文本预处理:它是对文档进行分词,去除停用词,其中中文分词是文本预处理的首要步骤。

(2)文本表示:它是文本分类的基础。要将计算机技术应用到文本分类上,必须把文档转化为计算机容易处理的表示形式。目前使用最普遍的文本表示方式是向量空间模型。

(3)文本特征选择:其目的是维数约简,从文档中抽取出若干最有利于文本分类的特征项。文本特征的提取方法有词频法、互信息、CHI 统计、信息增量表示等方法。

(4)特征权重计算:它用于衡量某个特征项在文档表示中的重要程度或者区分能力的强弱。

(5)分类器学习训练:其目的是建立分类器,是文本分类的核心问题。利用一定的学习算法对训练样本集进行统计学习,估算出分类器的各个参数,从而建立对训练集进行学习训练的自动分类器。

(6)测试与评价:利用学习训练阶段建立的分类器,对测试集文档进行分类测试。在完成训练和测试后,选择合适的评价指标对分类器的性能进行评价。如果分类器的性能不符合要求,需要返回前面步骤,重新再做。

2.6　小结

本章首先概述了分类问题,给出了分类问题的形式化表示和实现的关键,然后介绍了朴素贝叶斯分类的机理和数据稀疏及解决方法。朴素贝叶斯分类是一种十分简单的数据分类算法,实现简单,学习与预测的效率都很高。朴素贝叶斯方法是典型的

生成学习方法,生成的方法由训练数据学习联合概率分布 $P(X,Y)$,然后求得后验概率分布 $P(Y|X)$。具体来说,利用训练数据采用最大似然估计 $P(X|Y)$ 条件概率,以及先验概率 $P(Y)$,得到联合概率分布 $P(X,Y)$。在这个过程中,朴素贝叶斯的基本假设是属性之间条件独立性假设,由于这一假设,模型包含的条件概率的数量大为减少,朴素贝叶斯法的学习与预测也大为简化。因此,朴素贝叶斯分类器分类效率较高,且易于实现,但其分类的性能不一定很高,特征选择的好坏对分类精度有较大影响。最后给出了基于朴素贝叶斯分类器的"听其名,知其性"的实现,并简介了基于朴素贝叶斯的文本分类。

3

最大匹配汉语分词原理与实践

最大匹配汉语分词是最传统、最典型的基于词典的汉语分词方法,基于词典的汉语分词也称为机械分词,由于其容易实现,而且通用性高,所以目前在很多场合还在使用。但是由于该方法依赖于电子词典,并且分词准确率偏低,所以在一些对汉语分词精度要求高的领域使用较少。

3.1 最大匹配汉语分词概述

基于最大匹配的汉语分词需要先建立词典,再通过匹配的方法进行分词,也称为机械分词。基于最大匹配的汉语分词方法是一种应用最广泛的机械分词法,是一种依赖于词典的汉语分词方法,依据一个分词词典和一个基本的切分评估原则。它基于一个简单的思想:一个正确的分词结果应该由合法的词组成,这些词在当前待切分的句子中,并且属于词典。依据汉语分词过程中扫描的方向不同,最大匹配汉语分词方法可以分为正向最大匹配汉语分词和逆向最大匹配汉语分词。正向最大匹配汉语分词(forward maximum matching,FMM),通常简称为 FMM 法。逆向最大匹配汉语分词(reverse maximum matching,RMM),通常简称为 RMM 法。

最大匹配分词方法是基于字符串匹配的分词方法,也是目前分词系统经常采用的一种分词方法,因为它简单,而且采用词典结构,使用方便。但是它也存在很大的缺点,因为最大匹配方法需要预先设定一个"充分大"的词长,每次都截取长度为这个"充分大"的词语开始匹配,逐次缩短匹配长度。但是这种方法存在一个问题:如果这个"充分大"太长会使匹配次数增多,因为字典中双字成词占多数,有很多字不能组成多字词,每次匹配都从"充分大"开始,增加了很多冗余的匹配操作,从而降低了分词速度。例如,字串"中华人民共和国是一个飞速发展的国家"在最大词长为 7 的情况下,第一次可以顺利地将"中华人民共和国"切分出来,但是在切分"飞速""发展""是""国家"这些使用频率很高的简单词时也要先截取长度为 7 个字的词开始与词典匹配,然后逐次减 1 个字,这样双字词(如"发展")匹配成功要进行比较 6 次,单字词比较 7 次,而在词典中使用频率最高的"是"就是单字。所以,目前最大匹配的分词方法分词效率不高。如果设定的"充分大"太小就会将长词切断,例如,设定最长词长为 4 时,"中华人民共和国是一个飞速发展的国家"中的"中华人民共和国"就会被切断,造成切分结果的错误。

3.2　正向最大匹配汉语分词

3.2.1　正向最大匹配汉语分词方法

1)正向最大匹配汉语分词的基本思想

正向最大匹配汉语分词的基本思想:在计算机中存放一个已知的词表,从被切分的语料中,按给定的方向顺序截取一个定长的字符串,通常为6~8个汉字,这个字符串的长度叫作最大词长,记作 MaxLength。把 MaxLength 的字符串与词表中的词相匹配,若匹配成功,则可确定这个字符串为词,计算机程序的指针向后移动 MaxLength 个汉字,继续进行匹配。否则,把该字符串逐次减一字,再与词表中的词进行匹配,直到成功为止。该方法依据一个分词词表和一个基本的切分评估原则,即"长词优先"原则,来进行分词。

这种切分方法需要最少的语言资源(仅需一个词表,不需要任何词法、句法、语义知识),程序实现简单,是一种简单实用的方法。

例:计算机科学与技术

计算机科学与技术(N)

计算机科学与技(N)

计算机科学与(N)

计算机科学(N)

计算机科(N)

计算机(Y)

2)正向最大匹配汉语分词的流程

根据正向最大匹配汉语分词算法的基本思想,该分词过程的流程如图3-1所示。

从图3-1所示的分词流程,我们能够很清楚地得到 FMM 法的流程如下:

(1)初始化当前位置计数器,置为0。

(2)从当前计数器开始,取前 $2i$ 个字符(一个汉字两个字符)作为匹配字段,直到文档结束。

(3)如果匹配字段长度为0,则当匹配字段的最后一个字符为汉字字符时,当前位置计数器的值加2,否则当前位置计数器的值加1,跳转到步骤(2)。

(4)如果匹配字段长度不为0,则查找词典中与之等长的作匹配处理。如果匹配成功,则:①把这个匹配字段作为一个词切分出来,放入分词统计表中;②把当前位置计数器的值加上匹配字段的长度;③跳转到步骤(2)。

(5)如果匹配不成功,则①如果匹配字段的最后一个字符为汉字字符,则把匹配字段的最后一个字去掉,匹配字段长度减2,跳转至步骤(3);②如果匹配字段的最后一个字符为西文字符,则把匹配字段的最后一个字节去掉,匹配字段长度减1,跳转至步骤(3)。

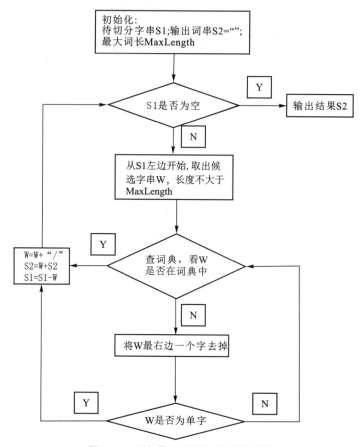

图 3-1　正向最大匹配法分词流程图

3.2.2　基于正向最大匹配的汉语分词系统

在综合了上面讨论的汉语分词技术和具体基于正向最大匹配的汉语分词的算法思想的情况下,我们实现了一个基于正向最大匹配的汉语分词系统。编程环境为 C++VC6.0。输入为 GB2313 格式的汉语文本,输出为汉语分词的结果。下面将详细讨论这个部分。

1)基于正向最大匹配汉语分词系统的功能模块

基于正向最大匹配的汉语分词系统的功能模块如图 3-2 所示。

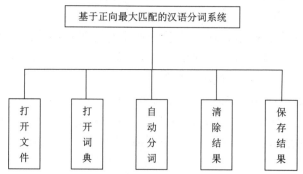

图 3-2　基于正向最大匹配的汉语分词系统的功能模块

（1）打开文件模块：在此模块中只能打开 txt 类型的文档，可以同时打开多个文档，不过一次只能显示一个文档的内容。同时，在不使用打开文件这项功能时，可以手动输入所需要切分的待处理文本。

（2）打开词典模块：此模块需要数据库支持，同时其作为核心组件，为实行分词的基础。

（3）自动分词模块：在同时使用打开文件（或手动输入文本）、打开词典这两项功能的基础上，才可以使用此功能。

（4）保存结果模块：此模块的主要功能是保存分词后的文本文件。

（5）清除结果模块（可选）：此模块的主要功能是清除两个编辑框中的内容，以便于在编辑框中再次输入待处理文本时节省时间。

2) 系统设计原则

汉语分词系统的目标为达到信息处理的需求及所要求的水平，具体来说，主要是准确率、运行效率、通用性及适用性四个方面。

（1）准确率。准确率是分词系统性能中最重要的核心指标。现有的分词系统中，有些系统准确率已达到97%~99%，仅从数据上看已经相当高了。但这样的分词系统如果被用来支持中外文翻译系统，假设平均每个语句有10个汉语单词，那么以当前的概率来计算，10个语句中就会切分错1~2个词，含有错误分词的1~2句就不可能被正确翻译。于是仅仅因为分词系统的准确率欠佳，中外文翻译系统的翻译准确率就降低了10%~20%。

（2）运行效率。分词是各种汉语处理应用系统中共同的、基础性的工作，这项工作消耗的时间应尽量少，应只占上层处理所需时间的一小部分，并应使用户没有等待的感觉，在普遍使用的平台上大约每秒钟处理10000字或5000词以上为宜。

（3）通用性。随着互联网应用的普及，中文平台的处理能力不能仅限于国内应用、字处理以及日常应用。作为各种高层次中文处理的共同基础，自动分词系统必须具有很好的通用性。

① 汉语自动分词系统应支持不同国家和地区（包括中国以及新加坡、澳大利亚及欧洲、美洲的华语社区）的中文字符处理。

② 汉语自动分词系统应能适应不同地区的不同用字、用词，不同的语言风格，不同的专名构成方式（如我国港澳台地区一些妇女名前冠夫姓，外国人名、地名的汉译方式与我国人名、地名很不一样）等。

③ 汉语自动分词系统应能支持不同的应用目标，包括各种输入方式、简繁体转换、语音合成、校对、翻译、检索、文摘等；支持不同领域的应用，包括社会科学、自然科学和技术，以及日常交际、新闻、办公等。

④ 汉语自动分词系统应当同现在的键盘输入系统一样，成为中文平台的组成部分。为了做到通用性又不过分庞大，必须做到在词表和处理功能、处理方式上能灵活组合装卸，有充分可靠和方便的维护能力，有标准的开发接口。同时，系统还应该具有良好的可移植性，能够方便地从一个系统平台移植到另一个系统平台上而无须很多的修改。当然，就现状来说，完全的通用性很难达到。

（4）适用性。汉语自动分词只是手段而不是最终目的，任何分词系统产生的结果都是为某个具体的应用服务的。好的分词系统具有良好的适用性，可以方便地集成在各种各样的汉语信息处理系统中。

3) 系统中部分算法的具体实现代码

(1) 对字符串用正向最大匹配法处理

```
CString SegmentHzStrMM (CString s1)
{
    CString s2=""; // 用 s2 存放分词结果

    while(! s1.IsEmpty()) { // 如果输入不为空
        int len=s1.GetLength(); // 取输入串长度
        if (len>MaxWordLength) // 如果输入串长度大于最大词长
            len=MaxWordLength; // 只在最大词长范围内进行处理
        CString w=s1.Left(len); // 将输入串左边等于最大词长长度串取出作为候选词
        int n=pDict.GetFreq(w); // 进行匹配

        while(len>2 && n==-1) { // 如果不是词就退出循环
            len-=2; // 从候选词右边减掉一个汉字,将剩下的部分作为候选词,一个汉字为两个字符
            w=w.Left(len);
            n=pDict.GetFreq(w); // 继续判断
        }
        s2 += w + Separator; // 将匹配得到的词连同词界标记加到输出串末尾
        s1 = s1.Mid(w.GetLength()); // 从 w 的后面开始取字符串
    }
    return s2;
}
```

(2) 对句子进行分词处理的函数

```
CString SegmentSentenceMM (CString s1)
{// 对句子进行分词处理的函数
    CString s2="";
    int i,dd;

    while(! s1.IsEmpty()) {
        unsigned char ch=(unsigned char) s1;
        if(ch<128) { // 处理西文字符
            i=1;
            dd=s1.GetLength();
            while(i<dd && ((unsigned char)s1<128) && (s1! =10) && (s1! =13))
// s1 不能是换行符或回车符
                i++;
            if ((ch! =32) && (ch! =10) && (ch! =13)) // 如果不是西文空格或换行或回车符
                s2 += s1.Left(i) + Separator;
```

```
            else {
                if (ch==10 || ch==13)     // 如果是换行或回车符,将它拷贝给 s2 输出
                    s2+=s1.Left(i);
            }
            s1=s1.Mid(i);
            continue;
        }
    else {
        if (ch<176) { // 中文标点等非汉字字符
            i=0;
            dd=s1.GetLength();

            while(i<dd && ((unsigned char)s1<176) && ((unsigned char)s1>=161)
                && (! ((unsigned char)s1==161 && ((unsigned char)s1>=162 && (un-
signed char)s1<=168)))
                && (! ((unsigned char)s1==161 && ((unsigned char)s1>=171 && (un-
signed char)s1<=191)))
                && (! ((unsigned char)s1==163 && ((unsigned char)s1==172 || (un-
signed char)s1==161)
                    || (unsigned char)s1==168 || (unsigned char)s1==169
                    || (unsigned char)s1==186
                    || (unsigned char)s1==187 || (unsigned char)s1==191))) //
                i=i+2; // 假定没有半个汉字
            if (i==0)
                i=i+2;
            if (! (ch==161 && (unsigned char)s1==161)) // 不处理中文空格
                s2+=s1.Left(i) + Separator; // 其他的非汉字双字节字符可能连续输出
            s1=s1.Mid(i);
            continue;
        }
    }


    // 以下处理汉字串

    i=2;
    dd=s1.GetLength();
    while(i<dd && (unsigned char)s1>=176)
//    while(i<dd && (unsigned char)s1>=128 && (unsigned char)s1! =161)
        i+=2;

    s2+=SegmentHzStrMM(s1.Left(i));
    s1=s1.Mid(i);
```

（3）以下程序用于将表示时间的单位合并成一个分词单位

```
int TmpPos;
const char * p;
CString s2_part_1;

if (s2.Find(" 年/")>=0) {
    TmpPos=s2.Find(" 年/");
    s2_part_1=s2.Mid(0,TmpPos);
    p=(LPCTSTR) s2_part_1;
    p=p+TmpPos-2;
    if (p=='1'||p=='2'||p=='3'||p=='4'||p=='5'||p=='6'||p=='7'||
p=='8'||p=='9'||p=='0') {
        s2_part_1=s2_part_1.Mid(0,TmpPos-1);
        s2=s2_part_1+s2.Mid(TmpPos+2);
    }
}


if (s2.Find(" 月/")>=0) {
    TmpPos=s2.Find(" 月/");
    s2_part_1=s2.Mid(0,TmpPos);
    p=(LPCTSTR) s2_part_1;
    p=p+TmpPos-2;
    if (p=='1'||p=='2'||p=='3'||p=='4'||p=='5'||p=='6'||p=='7'
||p=='8'||p=='9'||p=='0') {
        s2_part_1=s2_part_1.Mid(0,TmpPos-1);
        s2=s2_part_1+s2.Mid(TmpPos+2);
    }
}


if (s2.Find(" 日/")>=0) {
    TmpPos=s2.Find(" 日/");
    s2_part_1=s2.Mid(0,TmpPos);
    p=(LPCTSTR) s2_part_1;
    p=p+TmpPos-2;
    if (p=='1'||p=='2'||p=='3'||p=='4'||p=='5'||p=='6'||p=='7'
||p=='8'||p=='9'||p=='0') {
        s2_part_1=s2_part_1.Mid(0,TmpPos-1);
        s2=s2_part_1+s2.Mid(TmpPos+2);
    }
}
return s2;
}
```

（4）对文件进行分词处理的函数

```
void SegmentAFileMM（CString FileName）
{   // 对文件进行分词处理的函数
    if（pDict.myDatabaseName.IsEmpty（））{
        AfxMessageBox（"您没有打开词库,无法进行分词处理"）;
        if（pDict.OpenMDB（）= =FALSE）
            return;
    }

    FILE * in, * out;
    in = fopen（（const char *）FileName,"rt"）;
    if（in= =NULL）{
        AfxMessageBox（"无法打开文件"）;
        return;
    }

    FileName=ChangeFileName（FileName,"-seg"）;
    out = fopen（（const char *）FileName,"wt"）;
    if（out= =NULL）{
        AfxMessageBox（"无法创建文件"）;
        fclose（in）;
        return;
    }

    CStdioFile inFile（in）,outFile（out）;

    char s;
    CString line;

    while（inFile.ReadString（s,2048））{// 循环读入文件中的每一行
        line = s;
        line = SegmentSentenceMM（line）; // 调用句子分词函数进行分词处理
        outFile.WriteString（line）; // 将分词结果写入目标文件
    }

    inFile.Close（）;
}
```

4）系统开发及运行环境

本系统需要的开发环境是 VC6.0,它是基于 MFC 的对话框应用程序,此外还需要一个 Access 数据库里的数据表来作为汉语单词的数据库进行分词工作。VC6.0 不仅是一个编译器,还是一个全面的应用程序开发环境,使开发者可以充分利用其具有面向对象

的特性来开发专业级的 Windows 应用程序。为了能充分利用这些功能,开发者需要掌握 C++程序设计语言和 Microsoft 基础类库(MFC)的层次结构。该层次结构整合了 Windows API 的用户界面部分,使得以面向对象的方式建立 Windows 应用程序变得容易。这种层次结构适用于所有版本的 Windows,并且彼此兼容确保了开发的代码是完全可移植的。

基于 MFC 的 Windows 应用程序代码是用来创建必要的用户界面控件并定制其外观,同时包含响应用户操作这些控件的代码逻辑。例如,当用户单击一个按钮时,就应该有相应的代码来响应。这便是事件驱动代码的核心思想,它构成了所有应用程序的基础。一旦应用程序正确地响应了所有允许的用户操作,它的任务也就完成了。

Windows 支持几种类型的应用程序窗口。一个典型的应用程序应该运行在"框架窗口"中。"框架窗口"是一个全功能的主窗口,用户可以改变尺寸、最小化、最大化等。Windows 也支持两种类型的对话框:模式对话框和无模式对话框。模式对话框一旦出现在屏幕上,只有当它退出时,屏幕上该应用程序的其余部分才能响应。无模式对话框出现在屏幕上时,程序的其余部分也可以做出响应,它就像浮动在上面一样。最简单的 Windows 应用程序是使用单文档界面(SDI),它仅包含一个框架窗口。Windows 也提供了一种成为多文档界面的组织形式,它可以用于更复杂的应用程序。还有一种就是本系统采用的基于对话框的应用程序。

对话框(Dialog)是 VC6.0 中最重要的与用户交互的界面之一。对话框可以接受用户输入的信息或数据,一般是通过在对话框上添加控件来实现对对话框的操作。对话框与控件是密不可分的,在每个对话框内一般都有一些控件,对话框依靠这些控件与用户进行交互。对话框实际上是一个窗口,在 MFC 中,对话框的功能被封装在 CDialog 类中。CDialog 类是 CWnd 类的派生类。系统运行结果如图 3-3 所示。

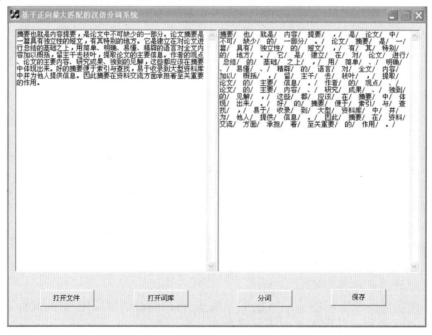

图 3-3　基于正向最大匹配的汉语分词系统

使用该系统的简单操作步骤如下：

(1)首先打开系统,点击"打开文件",打开要分析处理的文件。

(2)由于最大匹配算法是取出定长字符串与已知词表相匹配,所以要打开预先放入计算机的词库,词库打开后才能利用词库进行分词处理。

(3)点击"分词"按钮对文件进行分词,保存分词后的文件。

5)正向最大匹配法存在的问题

最大匹配的汉语分词算法原则是"长词优先"。即认为对同一个句子来说,切分所得的词数量最少时是最佳切分结果。这一评估原则虽然会引起一些切分错误,但在大多数情况下是合理的,然而,从算法上的描述可以看出,现有的最大匹配的汉语分词算法不论是正向还是逆向,增字还是减字,都是在局部范围进行最大匹配。即每次最大匹配的范围都是最先 i 个或最后 i 个字符,这样并没有充分体现"长词优先"的原则。例如以下句子：

句子一:"当中华人民共和国成立的时候"；

句子二:"当他看到小孩子时"。

在最大长度满足要求时,如果用 FMM 法进行分词,第二个句子的结果是:"当/他/看到/小孩子/时",切分是正确的。但第一个句子的结果却是:"当中/华人/民/共和国/成立/的/时候"。显然"当中华人民共和国"是歧义字段,这里的切分是错误的。如果用 RMM 法进行分词,第一个句子的结果是:"当/中华人民共和国/成立/的/时候",切分是正确的,但第二个句子的结果却是:"当/他/看到/小孩/子时","小孩子时"又成了歧义字段。可以看到,以上两种分词方法都在一定情况下产生了歧义切分。

明显可以看出,这两句话产生歧义的原因都是没有充分体现"长词优先"的原则,只是在一句话的开头或结尾遵循了最长词匹配的思想,换句话说,如果最长词的字与紧靠最长词的字也能组成词,在匹配的时候就会发生类似上面的情况。如"中华人民共和国"是句子里最长的词,"中华人民共和国"里的字与"当"字能组成"当中"这个词,这样在最大匹配中就会产生歧义切分。

针对这种情况,能不能找到一种解决方法呢？通过对产生的原因进行深入的分析,本章提出一种改进的最大匹配分词法,其基本思想如下:假设词表中最长的词由 i 个字组成,句子长度为 N,为了便于讨论,假设从左向右扫描。先从句子第 1 个字开始截取一个长度为 i 的字串(即句子的开头 i 个字),并将它同词表中的词条依次匹配。如果在词表中找不到与当前子串匹配的词条,就从句子第 2 个字开始截取一个长度为 i 的字串,重复以上过程。如果找不到,则依次从第 $3,4,\cdots,N-i$ 个字开始截取长度为 i 的字串进行匹配。如果匹配成功,就把这个字串作为一个词从句子中切分出去,把原句中位于这个字串左右两边的部分视为两个新的句子,递归调用这一过程。如果所有的都匹配不成功,说明句子中没有长度为 i 的词,则开始寻长度为 $i-1$ 的词。重复这个过程,直到整个句子被切分。

3.3 逆向最大匹配汉语分词

1）逆向最大匹配汉语分词的基本思想

逆向最大匹配分词方法与正向最大匹配分词方法的最大区别就是字符串切分顺序不同。RMM 法主要是按照从后往前（即从右到左）的顺序将待切分字符串与词典里的汉语词组进行匹配（假设词典中词条所含汉字个数为 n），若词典中含有该词，则匹配成功，就切分，分出该词；若不成功，则减去最前面的一个字，用剩下的 n-1 个字组成的字段在词典中进行匹配，按照此方法进行下去，直到切分成功为止。举例如下：假设逆向最大匹配分词系统中的最长匹配字符串长度是 8 个字符（每个汉字占 2 个字符），"我宁愿丑得别致，也不愿美得雷同"（在汉语分词系统中，按照中文标点符号现将句子切分），"也不愿美得雷同"字符串长度大于 8，从词尾开始切分出"美得雷同"，与词典中的词进行对比，没有这个词就将最左边的"美"减去，比照后再将"得"去掉，直到"雷同"匹配成功将其分出，再一次循环。简单表示如下：也不愿美得雷同（N，字符串长度大于 8，从词尾切分出 4 个字）

美得雷同（N）

得雷同（N）

雷同（Y）

匹配成功后再将引用向前移动 8 个字符。

2）逆向最大匹配汉语分词的流程

根据逆向最大匹配汉语分词算法的基本思想，逆向汉语分词过程的流程如图 3-4 所示。让我们通过一个实例来分析逆向最大匹配的分词过程：

输入例句：S1 = "计算语言学课程有意思"；

定义：最大词长 MaxLen = 5；S2 = ""；分隔符 = "/"；

假设存在词表：…，计算语言学，课程，意思，…；

最大逆向匹配分词算法过程如下：

（1）S2 = ""；S1 不为空，从 S1 右边取出候选子串 W = "课程有意思"；

（2）查词表，W 不在词表中，将 W 最左边一个字去掉，得到 W = "程有意思"；

（3）查词表，W 不在词表中，将 W 最左边一个字去掉，得到 W = "有意思"；

（4）查词表，W 不在词表中，将 W 最左边一个字去掉，得到 W = "意思"；

（5）查词表，"意思"在词表中，将 W 加入 S2 中，S2 = "意思/"，并将 W 从 S1 中去掉，此时 S1 = "计算语言学课程有"；S1 不为空，于是从 S1 右边取出候选子串 W = "言学课程有"；

（6）查词表，W 不在词表中，将 W 最左边一个字去掉，得到 W = "学课程有"；

（7）查词表，W 不在词表中，将 W 最左边一个字去掉，得到 W = "课程有"；

（8）查词表，W 不在词表中，将 W 最左边一个字去掉，得到 W = "程有"；

（9）查词表，W 不在词表中，将 W 最左边一个字去掉，得到 W = "有"，这时 W 是单字，将 W 加入到 S2 中，S2 =" /有 /意思"，并将 W 从 S1 中去掉，此时 S1 ="计算语言学课程"；

（10）S1 不为空，于是从 S1 右边取出候选子串 W ="语言学课程"；

（11）查词表，W 不在词表中，将 W 最左边一个字去掉，得到 W ="言学课程"；

（12）查词表，W 不在词表中，将 W 最左边一个字去掉，得到 W ="学课程"；

（13）查词表，W 不在词表中，将 W 最左边一个字去掉，得到 W ="课程"；

（14）查词表，"意思"在词表中，将 W 加入 S2 中，S2 =" 课程/ 有/ 意思/"，并将 W 从 S1 中去掉，此时 S1 ="计算语言学"；

（15）S1 不为空，于是从 S1 右边取出候选子串 W ="计算语言学"；

（16）查词表，"计算语言学"在词表中，将 W 加入 S2 中，S2 ="计算语言学/ 课程/ 有/ 意思/"，并将 W 从 S1 中去掉，此时 S1 ="""；

（17）S1 为空，输出 S2 作为分词结果，分词过程结束。

逆向最大匹配法分词流程图如图 3-4 所示。

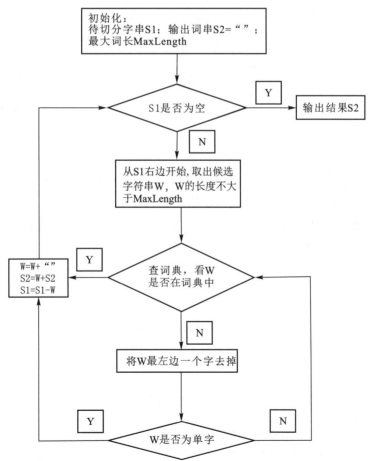

图 3-4　逆向最大匹配法分词流程图

依据逆向最大匹配的汉语分词的算法思想，我们也很容易实现一个基于逆向最大匹配的汉语分词系统，限于篇幅，在此不再赘述。

3.4 正向逆向最大匹配汉语分词一体化

3.4.1 正向逆向最大匹配汉语分词一体化的思路

前面我们详细介绍了正向最大匹配汉语分词方法和逆向最大匹配汉语分词方法,并基于这些方法开发了正向最大匹配汉语分词系统和逆向最大匹配汉语分词系统。经过测试,我们发现单独使用正向最大匹配或逆向最大匹配都有其局限性,因此,又有人提出了双向最大匹配法,即两种算法都切一遍,然后根据大颗粒度词越多越好、非词典词和单字词越少越好的原则,选取其中一种分词结果输出。对同一段待处理的汉语文本,观察、比较两种不同方法的切分结果,一方面能更深入地理解这两种最大匹配汉语分词方法的内涵,另一方面能比较这两种方法的汉语分词性能。

3.4.2 正向逆向最大匹配汉语分词一体化系统

出于以上目的,我们基于正向最大匹配汉语分词和逆向最大匹配汉语分词的基本思想,实现了正向逆向最大匹配汉语分词一体化系统。该系统对一段待切分文本,能够同时给出正向、逆向最大匹配汉语分词结果,可以直观地比较两种结果的不同。通过对分词结果的分析,我们发现逆向最大匹配比正向最大匹配在准确性上更好。正向逆向最大匹配汉语分词一体化系统运行之后的界面如图 3-5 所示。

图 3-5 正向逆向最大匹配汉语分词一体化系统界面

从图 3-5 可以看到,该系统界面包括三大区域:①待分词的中文文本区域,该区域位于界面的上半部分,用于将打开的文本文件的内容或从其他地方复制的汉语文本内容呈现出来。②汉语分词结果区域,该区域位于界面的下半部分,其中,左半部分用于呈现待分词中文文本的正向最大匹配汉语分词结果,右半部分用于呈现待分词的中文文本的逆向最大匹配汉语分词结果。③功能按钮区域,位于上述两个区域的中间,由六个按钮组成,分别是"打开文本文件""清除文本内容""正向最大匹配分词""逆向最大匹配分词""对比结果"和"保存结果",单击这些按钮能分别执行相应的功能。

该系统将计算机汉语自动分词方法中基于最大匹配的两种基本方法——正向最大匹配法和逆向最大匹配法都在一个系统中实现了,同时进行两种方法的分词,并给出分词结果,且能对两种分词结果进行比较,将结果中的不同之处自动标记出来。这样做,研究人员可以直接对这两种分词方式的结果进行对比、分析、评价,对于出现的一般交集型歧义,我们可以迅速找到,并判定正向最大匹配和逆向最大匹配的优劣,方便进一步的研究。

下面简单演示一下本系统的一些操作步骤和操作结果。

1)输入待进行汉语分词的文本

输入待进行汉语分词的文本,有三种基本方式:①单击功能按钮区域的"打开文本文件",这也是最常用的一种方式。单击"打开文本文件"按钮后,系统会弹出一个打开文件窗口,如图3-6所示。选择一个文件,例如,打开"test1.txt"后,系统界面如图3-7所示。②通过剪切板从任何有文本的地方复制而来。③通过键盘输入待进行汉语分词的文本。无论是通过哪种方式输入的文本,都可以通过单击"清除文本内容"将待进行汉语分词的文本置空。

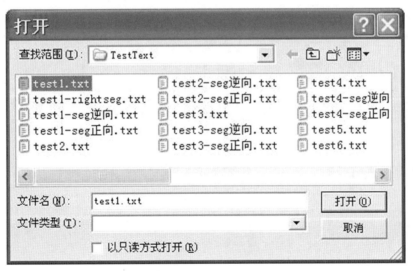

图3-6 打开文件窗口

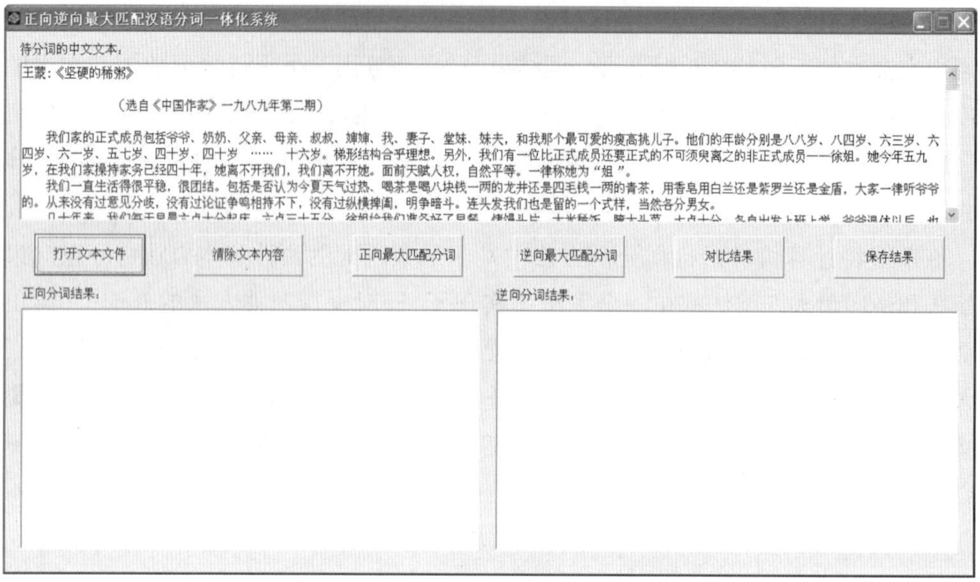

图 3-7 打开文件之后的系统界面

2）进行正向逆向最大匹配汉语分词

输入了待进行汉语分词的文本后，我们可以通过单击"正向最大匹配分词"或"逆向最大匹配分词"得到正向分词结果或逆向分词结果。图 3-8 是只有待切分文本的正向分词结果的图示。如果先后单击了"正向最大匹配分词"和"逆向最大匹配分词"，就得到了正向分词结果和逆向分词结果。图 3-9 是正向分词结果和逆向分词结果都有的图示。

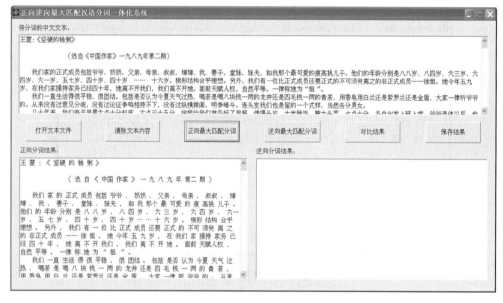

图 3-8 只进行正向最大匹配汉语分词的结果

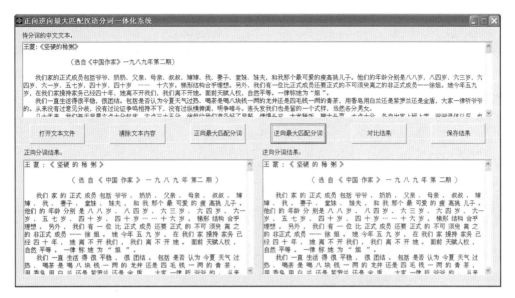

图 3-9　正向逆向最大匹配汉语分词都进行的结果

3) 正向逆向分词结果的比较

本系统最重要的一个功能是对两种分词结果进行比较,将结果中的不同之处标记出来,以便研究人员进行分析。这项功能也是实现起来较难的一个功能。对研究汉语分词的学者来说,能够直观地查看正向分词结果和逆向分词结果的不同之处是非常重要的,正向逆向最大匹配汉语分词一体化系统就实现了这一功能。

将待处理的汉语文本进行正向最大匹配汉语分词和逆向最大匹配汉语分词之后,单击"对比结果"按钮,系统就会对比两种分词结果,如图 3-10 所示。通过拖动分词结果(正向分词结果窗口和逆向分词结果窗口都可以)右边的拖动条或滚动鼠标滑轮,能实现对比结果后移,如图 3-11 所示为后移一段的图示。

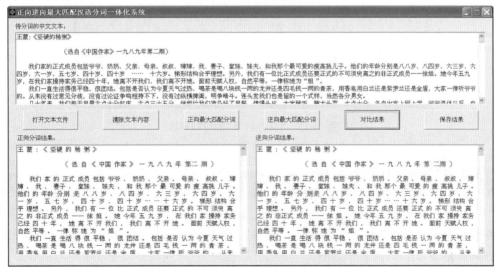

图 3-10　正向逆向最大匹配汉语分词结果对比

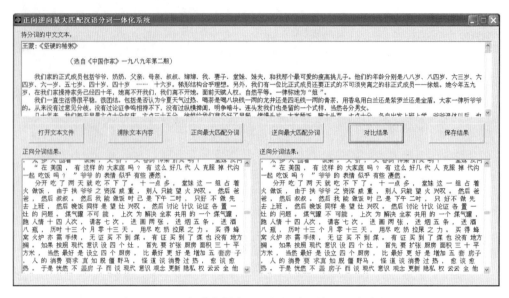

图 3-11　正向逆向最大匹配汉语分词结果下移对比

4) 保存汉语分词结果

本系统还可以将正向分词结果和逆向分词结果保存,以便进一步分析时使用。通过单击"保存结果"可以将分词结果保存。图 3-12 为"保存结果"的窗口图示。

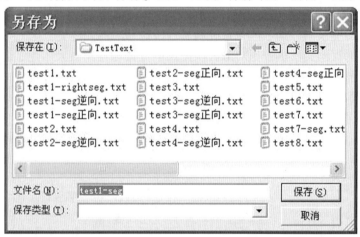

图 3-12　"保存结果"的窗口界面

5) 测试结果分析

我们对"我和他对于这个问题有意见分歧"分别进行正向最大匹配分词和逆向最大匹配分词。很容易理解,句意应该是"我/和/他/对于/这个/问题/有/意见/分歧"。"意见"应该被划分为一个词,对于这句话,正向最大匹配分词的结果是错误的,而逆向最大匹配分词的结果是正确的。总体来说,逆向最大匹配分词结果的准确性要比正向最大匹配分词高得多。

对于"我和他对于这个问题有意见分歧"这句话,为了方便起见,我们只对分词结果不同的地方进行分析。下面我们对"有意见分歧"分别通过正向最大匹配算法和逆向最大匹配算法来进行分析。

正向最大匹配首先从句子的左边进行匹配,这里我们假设最大词长为 8,即四个汉字。截取句子左边四个汉字,即"有意见分";然后与词典里的词语进行匹配,未匹配成功,从右边减去一个字,即"有意见";接着与词典进行匹配,未成功,从右边减去一个字,即"有意";然后与词典进行匹配,成功,保存"有意"到分词结果;再对剩下的句子"见分歧"进行分词,与词典进行匹配,未成功,从右边减去一个字,即"见分";与词典进行匹配,未成功,再从右边减去一个字,即"见";与词典进行匹配,成功,保存"见"到分词结果;对剩下的句子"分歧"进行匹配,成功,保存"分歧"到分词结果。所以,最后的分词结果是"有意/见/分歧"。

逆向最大匹配首先从句子的右边进行匹配,这里我们仍然假设最大词长为 8,即四个汉字。截取句子左边四个汉字,即"意见分歧";然后与词典里的词语进行匹配,未匹配成功,从左边减去一个字,即"见分歧";接着与词典进行匹配,未成功,从左边减去一个字,即"分歧";然后与词典进行匹配,成功,保存"分歧"到分词结果;再对剩下的句子"有意见"进行分词,与词典进行匹配,未成功,从左边减去一个字,即"意见";与词典进行匹配,成功,保存"意见"到分词结果,对剩下的句子"分"进行匹配,成功,保存"分"到分词结果。所以,最后的分词结果是"有/意见/分歧"。

3.5 小结

最大匹配汉语分词是最传统、最典型的基于词典的汉语分词方法,其特点是容易实现且通用性高,缺点是分词精度较低。本章首先对基于最大匹配的汉语分词进行概述,然后分别对正向最大匹配汉语分词、逆向最大匹配汉语分词的基本思想、算法流程进行介绍,并对正向最大匹配汉语分词系统的实现和核心算法进行简要介绍,最后又详细介绍了实现的正向逆向最大匹配汉语分词一体化系统。

4 隐马尔可夫模型与词性标注

隐马尔可夫模型于 20 世纪 70 年代在语音识别领域取得了巨大成功,之后被广泛应用到自然语言处理研究领域,成为基于统计的自然语言处理的重要方法,是 20 世纪统计自然语言处理领域的重要成果之一。

4.1 马尔可夫模型简介

马尔可夫模型最早是由俄国科学家 Andrei A. Markov 于 1913 年提出的,它的初始目的是语言建模上的应用,即为俄国文学作品中的字母序列建模,随后马尔可夫模型发展成了一个通用的统计模型。

马尔可夫模型描述了一类重要的随机过程,该过程对应了一个随机变量序列(通常与时间有关),该序列满足这样的假设:序列中的随机变量值只依赖于它前面的随机变量,这个假设称为马尔可夫性。这样的随机变量序列,通常称为一个马尔可夫链。马尔可夫模型是在马尔可夫链的基础上发展起来的,因为现实世界十分复杂,实际问题往往不能直接转换成马尔可夫链来处理,观测到的事件也不能与马尔可夫链的状态一一对应,而是通过某种概率分布来与状态保持联系。这种实际事件与状态由某种概率分布来联系的马尔可夫链就是马尔可夫模型。综上所述,可以给出马尔可夫模型如下形式定义:

假设一个取值为 $S=\{s_1,s_2,\cdots,s_N\}$ 的随机变量序列 $X=\{X_1,X_2,\cdots,X_T\}$,则该序列具有以下性质:

(1)有限视野性:当前状态只与前 n 个状态有关,如式(4-1)所示。

$$P(q_t=s_j|q_{t-1}=s_i,q_{t-2}=s,\cdots)=P(q_t=s_j|q_{t-1}=s_i,q_{t-2}=s,\cdots,q_{t-n}) \qquad (4-1)$$

如果在特定情况下,系统在时间 t 的状态只与其在时间 $t-1$ 的状态相关,则该系统构成一个离散的一阶马尔可夫链,式(4-1)就简化为式(4-2):

$$P(q_t=s_j|q_{t-1}=s_i,q_{t-2}=s,\cdots)=P(q_t=s_j|q_{t-1}=s_i) \qquad (4-2)$$

(2)时间不变性:即只考虑式(4-3)独立于时间 t 的随机过程,也就是说对任何时间 t 该公式都成立。

$$P(q_t=s_j|q_{t-1}=s_i,q_{t-2}=s,\cdots)=P(q_t=s_j|q_{t-1}=s_i)=a_{ij} \qquad 1\leq i,j\geq N \qquad (4-3)$$

其中,a_{ij} 为状态转移概率。我们称该随机变量序列为马尔可夫链,或者一个马尔可夫过程,这样一个模型就称为马尔可夫模型。

显而易见,一个马尔可夫模型可以用一个三元组$\{S, \boldsymbol{\varPi}, A\}$来表示:

状态空间　　$S = \{s_1, s_2, \cdots, s_N\}$

初始状态向量　$\boldsymbol{\varPi} = \{\pi_i = P(X_1 = s_i)\}, 1 \leq i \leq N$

状态转移概率矩阵　$A = \{a_{ij}\}, 1 \leq i \leq N, 1 \leq j \leq N$

4.2　隐马尔可夫模型概要

隐马尔可夫模型是一种用参数表示,用于描述随机过程统计特性的概率模型,它是在马尔可夫模型基础上发展起来的。早在 20 世纪 60 年代末,HMM 的基本理论就由 Baum 等人建立起来,并由卡内基梅隆大学的 Baker 和 IBM 的 Jelinek 等人将其应用到语音识别之中,并取得了很大的成功。1983 年以后,Bell 实验室的 Rabiner 等人发表了一系列系统介绍 HMM 理论和应用的文章,使马尔可夫模型和 HMM 得到了广泛应用,并应用到许多新的领域,例如汉语词法分析、文本信息抽取以及生物信息学中的基因序列分析等。本节将对隐马尔可夫模型的一般形式、三个基本问题进行简要介绍。

4.2.1　隐马尔可夫模型的形式描述

马尔可夫模型中,每一个状态代表一个可观察的事件,这限制了模型的适用范围。由于实际问题更为复杂,观察到的事件并不与状态一一对应,而是状态的随机函数,为了模拟这些问题就产生了隐马尔可夫模型。隐马尔可夫模型是一个双重随机过程:一个随机过程是马尔可夫链,它是基本随机过程,用于描述状态的转移,该过程是不可观察(隐蔽)的;另一个随机过程是隐蔽的状态转移过程的随机函数,描述状态和观察值之间的统计对应关系。这样,站在观察者的角度,只能看到观察值,不像马尔可夫模型中的观察值和状态一样一一对应,因此,不能直接看到状态,而是通过一个随机过程(观察值序列)去感知状态的存在及其特性,所以称为隐马尔可夫模型。

综上所述,HMM 可以看成是能够随机进行状态转移并输出符号的有限状态自动机,它通过定义观察序列和状态序列的联合概率对随机生成过程进行建模。每一个观察序列可以看成是由一个状态转移序列生成的。图 4-1 是一阶 HMM 的图形结构示意图。

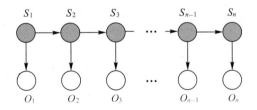

图 4-1　一阶 HMM 的图形结构

一个 HMM 有五个组成部分,记为一个五元组$\{S, O, \boldsymbol{\varPi}, A, B\}$,其中:

(1)S是模型的状态集,设模型共有N个状态,记为$S = \{s_1, s_2, \cdots, s_N\}$。

（2）O 是模型中状态输出符号的集合，符号数为 M，符号集记为 $O=\{o_1,o_2,\cdots,o_M\}$。

（3）Π 是初始状态概率分布，记为 $\Pi=\{\pi_1,\pi_2,\cdots,\pi_N\}$，其中 π_i 是状态 s_i 作为初始状态的概率。

（4）A 是状态转移概率矩阵，记为 $A=\{a_{ij}\}$，$1\leqslant i\leqslant N,1\leqslant j\leqslant N$。其中 a_{ij} 是从状态 s_i 转移到状态 s_j 的概率。

（5）B 是符号输出概率矩阵，记为 $B=\{b_{ik}\}$，$1\leqslant i\leqslant N$，$1\leqslant k\leqslant M$。其中 b_{ik} 是状态 s_i 输出 o_k 的概率。

4.2.2 应用隐马尔可夫模型的三个基本问题

在上述给定的模型框架下，要用 HMM 解决实际问题，首先需要解决评估、解码、训练三个基本问题：

（1）评估问题。给定一个观察序列 $O=O_1O_2\cdots O_T$ 和模型 $\lambda=\{\Pi,A,B\}$，如何高效率地计算概率 $P(O|\lambda)$，也就是在给定模型 λ 的情况下观察序列 O 的概率。

（2）解码问题。给定一个观察序列 $O=O_1O_2\cdots O_T$ 和模型 $\lambda=\{\Pi,A,B\}$，如何快速地选择在一定意义下"最优"的状态序列 $Q=q_1q_2\cdots q_T$，使得该状态序列"最好地解释"观察序列。

（3）训练问题。给定一个观察序列 $O=O_1O_2\cdots O_T$，以及可能的模型空间（不同的模型具有不同的模型参数），如何来估计模型参数，也就是说，如何调节模型 $\lambda=\{\Pi,A,B\}$ 的参数，使得 $P(O|\lambda)$ 最大。

对上面的三个问题而言，评估问题用于判断最佳模型；解码问题用于寻找最有可能生成观察序列的状态序列，常用维特比算法来解决；训练问题用于从已有数据中估计模型的参数，常采用最大似然估计算法（对于已标记的训练集）或 Baum-Welch 算法（对于未标记的训练集）解决。

4.3 隐马尔可夫模型三个基本问题的求解

本节详细介绍 HMM 三个基本问题的求解算法，首先是求解评估问题的前向算法或后向算法，然后是求解解码问题的维特比算法，最后是训练问题的求解算法。

4.3.1 评估问题的求解——前向算法和后向算法

在隐马尔可夫模型中，已知一个输出序列 $O=O_1O_2\cdots O_T$ 和模型 $\lambda=\{\Pi,A,B\}$，要求 $P(O|\lambda)$，最直接的办法是把在所有状态序列下观察到的序列 O 的概率相加，即

$$P(O\mid\lambda)=\sum_Q P(O,Q\mid\lambda)$$
$$=\sum_Q P(Q\mid\lambda)P(O\mid Q,\lambda) \tag{4-4}$$
$$P(O\mid\lambda)=\pi_{q_1}a_{q_1q_2}a_{q_2q_3}\cdots a_{q_{T-1}q_T} \tag{4-5}$$

其中，$P(Q|\lambda)$ 是在给定模型 $\lambda=\{\Pi,A,B\}$ 的情况下输出状态序列 $Q=q_1q_2\cdots q_T$ 的概

率,$P(O|Q,\lambda)$是在给定状态序列 $Q=q_1q_2\cdots q_T$ 和模型 $\lambda=\{\Pi,A,B\}$ 的情况下观察序列 $O=O_1O_2\cdots O_T$ 的概率。它们可分别写成:

$$P(O|Q,\lambda)=b_{q_1o_1}b_{q_2o_2}\cdots b_{q_To_T} \tag{4-6}$$

这样求解 $P(O|\lambda)$ 的困难是,我们必须穷尽所有可能的状态序列。如果 $\lambda=\{\Pi,A,B\}$ 中有 N 个不同状态,时间长度为 T,我们就有 N^T 个可能的状态序列。这样的算法会造成"指数爆炸",当 T 很大时,几乎没有计算机能够有效地执行这个算法。

以上算法的症结在于重复计算太多。为了解决这一问题,引入了一个更有效的方法——前向算法,它采用了动态规划中的技术思路,即记录子路径的部分结果,避免重复运算,这样使得原来指数爆炸的问题可以在 $O(N^2T)$ 的时间内解决。该算法使用了前向变量 $\alpha_t(i)$:

定义 1:前向变量是在时间 t,隐马尔可夫模型输出了序列 $O=O_1O_2\cdots O_t$,并且位于状态 S_i 的概率:$\alpha_t(i)=P(O_1O_2\cdots O_t,q_t=S_i|\lambda)$。

前向算法的主要思想是,如果可以高效地计算前向变量 $\alpha_t(i)$,我们就能由此求得 $P(O|\lambda)$。这是因为 $P(O|\lambda)$ 是在所有状态下观察到序列 $O=O_1O_2\cdots O_T$ 的概率,即

$$P(O|\lambda)=\sum_{i=1}^{N}\alpha_T(i) \tag{4-7}$$

前向算法运用动态规划计算前向变量 $\alpha_t(i)$。该算法是基于如下的观察:在时间 $t+1$ 的前向变量,可根据在时间 t 的前向变量 $\alpha_t(1),\alpha_t(2),\cdots,\alpha_t(N)$ 的值来归纳计算:

$$\alpha_{t+1}(j)=\Big[\sum_{i=1}^{N}\alpha_t(i)\alpha_{ij}\Big]b_j(O_{t+1}),1\leq t\leq T-1;1\leq j\leq N \tag{4-8}$$

从起始到时间 $t+1$,HMM 到达状态 S_j,并输出了观察序列 $O_1O_2\cdots O_{t+1}$ 的过程,可分解为以下两个步骤:

步骤 1:从起始到时间 t,HMM 到达状态 S_i,并输出了观察序列 $O_1O_2\cdots O_t$。

步骤 2:从状态 S_i 转移到状态 S_j,并在 S_j 输出 O_{t+1}。

这里 S_i 可以是 HMM 的任意状态。这个过程的第一步,即 HMM 在时间 t 到达状态 S_i,并输出了观察序列 $O_1O_2\cdots O_t$ 的概率,根据定义,这个概率正是前向变量 $\alpha_t(i)$。这个过程第二步的概率为 $a_{ij}\times b_j(O_{t+1})$。因而,整个过程的概率为 $\alpha_t(i)a_{ij}\times b_j(O_{t+1})$。由于 HMM 可以从不同的 S_i 转移到 S_j,我们必须将所有可能路径的概率相加,由此得到式 (4-8)。

从公式给出的归纳关系,我们可以按照从前到后的顺序计算前向变量序列。由此,我们得到前向算法的归纳过程:

(1)初始化

$$\alpha_1(i)=\pi_i b_i(O_1)(1\leq i\leq N)$$

(2)归纳计算

$$\alpha_{t+1}(j)=\Big[\sum_{i=1}^{N}\alpha_t(i)\alpha_{ij}\Big]b_j(O_{t+1}),1\leq t\leq T-1;1\leq j\leq N$$

(3)终止

$$P(O|\lambda)=\sum_{i=1}^{N}\alpha_T(i)$$

前向算法的时间复杂度不难计算,它的总时间复杂度为 $O(N^2T)$。

对应于前向变量,我们在此定义后向变量 $\beta_t(i)$,它将运用在对 HMM 第三个问题的求解中。

定义2:后向变量 $\beta_t(i)$ 是在给定了模型 $\lambda=\{\Pi,A,B\}$ 和假定在时间 t 状态为 S_i 的条件下,HMM 将输出观察序列 $O_{t+1}O_{t+2}\cdots O_T$ 的概率,即 $\beta_t(i)=P(O_{t+1}O_{t+2}...O_T|q_t=S_i,\lambda)$。

和前向变量一样,我们可以运用动态规划计算后向变量。类似地,在时间 t 和状态为 S_i 的条件下,HMM 输出观察序列 $O_{t+1}O_{t+2}\cdots O_T$ 的过程可以分解成两步:

步骤1:从时间 t 到时间 $t+1$,HMM 由状态 S_i 转移到状态 S_j,并在 S_j 输出 O_{t+1}。

步骤2:在时间 $t+1$、状态 S_j 的条件下,HMM 输出观察序列 $O_{t+2}O_{t+3}\cdots O_T$。

从公式给出的归纳关系,我们可以按照从后往前的顺序计算后向变量序列。由此,我们得到后向算法的归纳过程:

(1)初始化
$$\beta_T(i)=1,(1\leqslant i\leqslant N)$$

(2)归纳计算
$$\beta_t(i)=\sum_{j=1}^{N}a_{ij}b_j(O_{t+1})\beta_{t+1}(j),t=T-1,T-2,\cdots,i;1\leqslant i\leqslant N$$

和前向算法一样,后向算法的总时间复杂度也为 $O(N^2T)$。

4.3.2 解码问题的求解——维特比算法

给定一个观察序列 $O=O_1O_2\cdots O_T$ 和模型 $\lambda=\{\Pi,A,B\}$,如何快速地选择在一定意义下最优的状态序列 $Q=q_1q_2\cdots q_T$,使得该状态序列"最好地解释"观察序列呢?

这个问题的解答不是唯一的,而是取决于如何理解"最优的状态序列"。通常的理解是,在给定一个观察序列 O 和模型 λ 的条件下概率最大的状态序列。
$$Q^*=\arg\max_Q P(Q\mid O,\lambda)$$

维特比算法是运用动态规划搜索这种最优状态序列的算法。与前向算法和后向算法一样,维特比算法定义了一个维特比变量 $\delta_t(i)$。

定义3:维特比变量 $\delta_t(i)$ 是在时间 t,隐马尔可夫模型沿着某一条路径到达状态 S_i,并输出观察序列 $O_1O_2\cdots O_T$ 的最大概率,即
$$\delta_t(i)=\max_{q_1q_2\cdots q_{t-1}}P(q_1q_2...q_{t-1},q_t=i,O_1O_2\cdots O_t\mid\lambda) \tag{4-9}$$

和前向变量相似,$\delta_t(i)$ 有如下的递归关系,使得我们能够应用动态规划:
$$\delta_{t+1}(j)=[\max_i\delta_t(i)a_{ij}]b_j(O_{t+1}) \tag{4-10}$$

除了 $\delta_t(i)$ 外,维特比算法利用变量 $\psi_t(i)$ 来记录在时间 t,隐马尔可夫模型是通过哪一条概率最大的路径到达状态 S_i 的。实际上,$\psi_t(i)$ 记录了该路径上状态 S_i 的前面一个(在时间 $t-1$ 的)状态。

维特比算法的归纳过程如下:

(1)初始化
$$\delta_1(i)=\pi_ib_i(O_1)(1\leqslant i\leqslant N)$$

$$\psi_q(i) = 0$$

（2）归纳计算

$$\delta_{t+1}(j) = \left[\max_i \delta_t(i) a_{ij}\right] \times b_j(O_{t+1})$$

$$\psi_q(i) = \operatorname*{argmax}_{1 \leqslant i \leqslant N} \left[\delta_{t-1}(i) a_{ij}\right] \times b_j(O_t)$$

（3）终止

$$p^* = \max_{1 \leqslant i \leqslant N} \left[\delta_T(i)\right]$$

$$q_T^* = \operatorname*{argmax}_{1 \leqslant i \leqslant N} \left[\delta_T(i)\right]$$

（4）路径（状态序列）回溯

从变量 $\psi_t(i)$ 回溯得到输出观察值序列的最优路径，即最优状态序列。

不难推断，维特比算法的时间复杂度和前向算法、后向算法的时间复杂度一样，也是 $O(N^2T)$。

4.3.3　训练问题的求解——前向后向算法

训练问题用于从已有数据中估计模型的参数，根据已有训练数据是否带有标记分为两类：第一类，对于不带标记的训练集，采用前向后向算法（baum-welch 算法）进行参数估计；第二类，对于带标记的训练集，采用最大似然估计算法进行参数估计。本章和后续章节中用 HMM 进行序列标注的参数估计都属于第二类，放在相关章节阐述，下面简单论述第一类。

前向后向算法被用于解决 HMM 的第三个问题，即从不带标记的训练集进行参数估计的问题。也就是给定一个观察序列 $O = O_1 O_2 \cdots O_T$，以及可能的模型空间（不同的模型具有不同的模型参数），如何来估计模型参数，也就是说，如何调节模型 $\lambda = \{\Pi, A, B\}$ 的参数，使得 $P(O|\lambda)$ 最大。

由于 HMM 中的状态序列是观察不到的（隐变量），直接进行最大似然估计是不可行的。所幸的是，EM（expectation maximaization，最大期望值）算法可用于含有隐变量的统计模型的参数最大似然估计。其基本思想是，初始时随机地给模型的参数赋值（该赋值必须遵守模型对参数的限制，如从一状态出发的所有转移概率的总和为 1），得到模型 λ_0。由 λ_0，我们可以得到模型中隐变量的期望值。以隐马尔可夫模型为例，我们可从 λ_0 得到从某状态转移到另一状态的期望次数。以期望次数来代替公式中的实际次数，我们便可以得到模型参数的新的估计，由此得到新的模型 λ_1。从 λ_1，我们又可得到模型中隐变量的期望值，由此又可重新估计模型参数。循环以上过程，就可以使模型参数收敛于最大似然估计值。前向后向算法就是 EM 算法在 HMM 中的具体应用。

4.4　基于隐马尔可夫模型的汉语词性标注

汉语词性标注作为中文信息处理领域的一项基础研究课题，广泛应用于组块分析、句法分析等许多后继的自然语言处理任务。HMM 是一种有着广泛应用的统计语言模型,也是应用广泛的序列数据标注模型,是进行汉语词性标注最适合的模型之一。

4.4.1 汉语词性标注简介

在中文信息处理研究领域,词性标注是一项基础性课题。其任务是,通过适当的方法对句子中的每个词都指派一个合适的词性,也就是要确定每个词是名词、动词、形容词或其他词性的过程,又称词类标注或者简称标注。比如给定一个句子:"我吃了一个苹果。"对其标注结果为:"我/代词 吃/动词 了/助词 一/数词 个/量词 苹果/名词 。/标点"。

在进行词性标注时,前提条件之一便是选择什么样的标记集。Brown 语料库标记集有 87 个,而英语中其他标记集多数是从 Brown 语料库中的标记集发展而来的,如最常用的 Penn Treebank 标记集,包含 45 个标记,是小标记集。汉语标记集中常用的有北大《人民日报》语料库词性标记集、中国科学院计算技术研究所汉语词性标记集等。在确定使用某个标记集之后,下一步便是如何进行词性标注了,如果每个单词仅仅对应一个词性标记,那么词性标注就非常容易了。但是语言本身的复杂性导致了并非每一个单词都只有一个词性标记,而存在一部分单词有多个词性标记可以选择,这种现象称为词性兼类,即自然语言中一个词语有很多种词性。词性标注所面临的难点主要是由词性兼类所引起的,例如下面的句子:

S_1 = "我们出版社有五十个编辑。"

S_2 = "把这篇文章编辑一下。"

在句子 S_1 中,"编辑"是一个名词,而在句子 S_2 中"编辑"是一个动词。对于人来说,这种词性歧义现象比较容易排除,但是对于机器来说则不容易区分。据不完全统计,常见的汉语词性兼类现象有几十种,这些兼类现象具有以下分布特征:

第一,在汉语词汇中,兼类词的数量不多,约占总词条数的 5%~11%;

第二,兼类词的实际使用频率很高,约占总词次的 40%~45%,也就是说,越是常用的词,其词性兼类现象越常见,这与词频统计中的 Zipf 法则有一定的相似性,也反映出了汉语作为自然语言的实际使用特点。

第三,兼类现象分布不均匀,据统计,动名兼类词和形副兼类词就占到全部兼类现象的近半。

由此可见,尽管兼类现象仅占汉语词汇的很小一部分,但由于兼类使用的程度高,兼类现象纷繁,覆盖面比较广泛,涉及汉语中大部分词类,因而也造成在汉语文本中词类歧义排除的任务量大、面广,复杂多样。

汉语词性标注所要面对的另一个难题,即新词或未登录词的识别。由于语言的进化发展首先体现在新词的不断出现,随着互联网的发展,每年都会涌出一些新的词汇,此外,汉语词由于单字即可表示多种意义,而且单字或简单词只要通过直接组合即可形成复合词,这也导致了复杂组合词层出不穷。因此,任何语料都不可能包含全部词汇,未登录词的识别成为所有自然语言处理任务都要面对的一个难题。为此,出现了很多针对此问题的研究。据统计,未登录词绝大多数是专有名词,因此此类研究大都集中于专有名词的识别,如人名、地名、组织机构名及其他专属专用名词等。通常使用的未登录词识别方法以统计和规则结合为主,也有一些研究者使用基于转换的错误驱动、基于实例等方法,并取得了较好的效果。目前,未登录词的识别基本达到了实用水平,ICTCLAS 等大多数流行的分词及词性标注系统均包含了未登录词识别模块。

词性标注作为汉语词法分析的基础工作,其标注的正确率对整个语料库的加工系统是比较重要的,同时它的正确率直接影响到文本的后续工作,如词义消歧和句法分析都是以词性标注的句子为基础。目前词性标注的方法主要有以下三种。

1) 基于规则的方法

基于规则的词性标注方法是人们较早提出的一种词性标注方法,主要是利用语言学家建立起来的规则来进行词性消歧,其基本思想是按照兼类词搭配关系和上下文语境建造词性消歧的规则。如美国布朗大学开发的 TAGGIT 词类标注系统,在该系统中,采用了3300 个上下文框架规则和 86 种词性标记,并用于标注语料库,准确率为 77%。随着标注语料库规模的逐步扩大,可利用资源越来越多,以人工提取规则的方法显然是不现实的,于是,人们提出了基于机器学习的规则自动提取方法。Brill 提出了一种基于转换规则的词性标注方法,它采用机器学习方法从大规模语料中自动获取规则,该方法可以达到95%~96% 的准确率。这种方法虽然解决了传统的规则方法中手工构造规则的不足,而且与统计方法相比,在标注速度上较快,但是该方法一个很大的问题是学习时间过长。为此,周明等(1998)提出了相应的改进方法,在改进算法的每次迭代过程中,只调整受到影响的小部分转换规则,而不需要搜索所有的转换规则,这样就大大节省了时间,提高了学习算法的速度。此外,李晓黎等(2000)尝试了利用数据挖掘方法获取汉语词性标注规则的方法,该方法根据上下文中的词和词性以及二者的组合来判断某个词的词性。这种方法对训练语料有较大的依赖性,尤其在语料库规模不够大的情况下。

2) 基于统计的方法

基于统计的方法是最常使用的一种词性标注方法。对于给定的输入词串,基于统计的方法先确定其所有可能的词性串,然后分别对它们进行打分,并选择得分最高的词性串作为最佳的输出。常见的基于统计词性的标注方法有基于频度的方法、基于 N 元语法模型的方法和基于隐马尔可夫模型的方法,其中,隐马尔可夫模型结合 Viterbi 算法的词性标注方法最为常见。

为了减小训练所需手工标注语料的规模,Cutting 等在其开发的 Xerox 系统中采用了Baum-Welch 算法,用于估计词性标注的隐马尔可夫模型的参数。传统的 HMM 只能处理固定长度的上下文信息,为了提高消歧能力,Jung 等将最大熵模型应用于词性标注,该方法的显著特点是它可以融合不同阶的 N 元语法信息、长距离语法信息和其他有关词法的统计信息。

3) 基于规则和统计相混合

混合方法代表了将统计和规则方法相结合的一类方法,最典型的是 Lancaster 大学的CLAWS 系统,该系统将一些有关英语多字词、成语的规则引入到隐马尔可夫模型中,第一个版本完成于 1980—1983 年间,主要面向 LOB 语料库,包含 135 个标记。该系统从CLAWS4 开始用于亿词级的英国国家语料库(BNC)的加工,最新版本是 1996 年的CLAWS7,准确率为 96%~97%。在汉语词性标注研究中,周强(1995)给出了一种规则方法与统计方法相结合的词性标注算法,其基本思想是,对汉语句子的初始标注结果进行规则排歧,对剩余的兼类词进行未登录词的词性推断,并进行人工校对,以得到正确结果。同时,通过机器自动标注的结果与人工校对的结果进行比较,发现自动处理的错误,从而总结出大量有用的信息,以补充和调整规则库的内容。后来张民等(1998)指出,周强提出的方法中规则的作用是非受限的,而且没有考虑统计的可信度,这使规则与统计的作用域不明确。因此,张民等通过研究统计的可信度,引入置信区间的方法,构造了一种基于置信区间的评价函数,实现了统计和规则并举。

在上述三种方法中,基于统计的词性标注方法应用最为广泛,是目前的主流方法。词性标注是目前自然语言处理中比较成功的领域之一,尤其是英语的词性标注。对汉语词性标注的研究起步较晚,但近来发展也比较快。同英语相比较,汉语中缺少丰富的形态信息,如词尾的变化、词缀等,并且汉语的词性与语法成分比较复杂,因此,汉语词性标注的兼类词问题和未登录词词性的识别问题更为突出。

4.4.2　汉语词性标注中的隐马尔可夫模型建模

在利用 HMM 解决汉语词性标注问题时,首先必须确定 HMM 中的隐藏状态和观察符号。具体到汉语词性标注这一任务中,词性标记就是隐藏状态,而输入句子中的词语序列就是观察符号。汉语词性标注问题就是在给定的词语序列条件下,求得最优的词性序列。用 HMM 对词性标注的任务进行建模就是寻找一个隐藏在幕后的词性标注序列 $T=t_1t_2\cdots t_n$,使得它对于可见的词序列 $W=w_1w_2\cdots w_n$ 是最优的。即已知词序列 W(观测序列)和模型 λ 的情况下,求使得条件概率 $p(T|W,\lambda)$ 值最大的那个 T^*,一般记作:$T^*=\underset{T}{\mathrm{argmax}}P(T|W,\lambda)$。

如果假设词性序列是一个马尔可夫链,这个马尔可夫链在每次进行状态转移时都产生一个单词,具体产生哪个单词由其所处的状态决定。这样,可以很容易把词性标注和隐马尔可夫模型联系起来。词性序列 $T=t_1t_2\cdots t_n$ 对应于模型的状态序列,而标注集对应于状态集,词性之间的转移对应于模型的状态转移。

其中,模型中词性之间的转移概率可以从语料库中统计得到:

$$p(t_i|t_{i-1})=\frac{\text{训练语料中 } t_i \text{ 出现在 } t_{i-1} \text{ 之后的次数}}{\text{训练语料中 } t_{i-1} \text{ 出现的总次数}} \tag{4-11}$$

已知词性标注下输出词语的概率可以从语料库中统计得到:

$$p(w_i|t_i)=\frac{\text{训练语料中 } w_i \text{ 的词性被标记为 } t_i \text{ 的次数}}{\text{训练语料中 } t_i \text{ 出现的总次数}} \tag{4-12}$$

4.4.3　基于隐马尔可夫模型的汉语词性标注系统

基于隐马尔可夫模型的汉语词性标注系统,是一套可以用于对汉语分词之后的文本进行自动词性标注的应用软件,该系统功能完善,操作简便,运行快捷。本软件系统基于隐马尔可夫模型实现了汉语词性标注系统,实验结果表明,该系统的汉语词性标注性能较好。

本系统的开发选取具有语法简洁、面向对象设计、完整的安全性与错误处理、灵活性与兼容性的基于 VC6.0 平台的 C++语言,作为开发语言和集成环境。本软件系统首先选取一个已经标注好的中文语料库,按照 HMM 的建立步骤,在训练集上进行参数训练,首先统计训练集中各个词汇及其相应的词性出现的次数,即频率,记录相邻两个词汇的词性和它们一起出现的概率。然后在测试集上进行测试,记录各个词汇每种词性出现的最大概率。使用 Viterbi 算法、回溯方式,得到最大概率的路径并输出。

本系统主要包含三个模块:训练模块、词性标注模块以及处理文件模块,其中处理文件是通过已经给出的语料来标注的文件。系统运行之后的界面如图 4-2 所示。

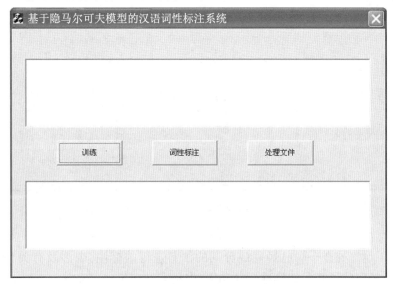

图 4-2　系统运行之后的界面图

本系统运行过程如下。

第一步:打开训练语料文件,进行隐马尔可夫模型的训练。点击"训练"按钮,开始训练。如图 4-3 所示。

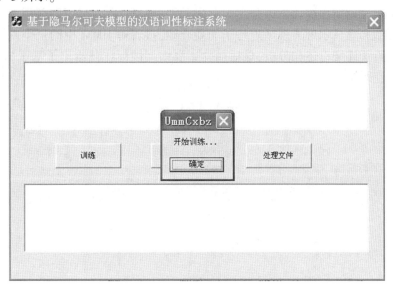

图 4-3　隐马尔可夫模型训练示意图

第二步:语料训练结束之后,点击"词性标注"按钮,应用所开发的词性标注系统对测试语料进行测试,如图4-4所示。

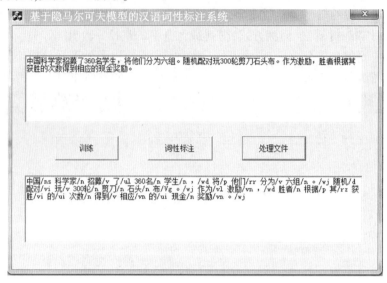

图 4-4 应用 HMM 的词性标注系统进行测试

从词性标注结果来看,本系统的汉语词性标注性能较好,对词性的标注结果较准确。但本系统的不足之处在于对已经完成分词的语料进行的标注,未涉及有关分词的处理。总的来说,已经完成了基本的词性标注功能,但仍需进一步处理完善。

4.5 小结

隐马尔可夫模型在统计学中是一个十分重要的模型,有着广泛的应用。本章首先对马尔可夫模型和隐马尔可夫模型进行了简要介绍,接着对 HMM 中的三个基本问题及其求解算法进行了详细论述和分析,最后简介了汉语词性标注并给出了基于 HMM 实现的汉语词性标注系统。

5

基于隐马尔可夫模型的汉语词法分析系统

本章详细介绍了基于隐马尔可夫模型开发的三位一体字标注汉语词法分析系统。该系统基于作者所在的自然语言处理研究团队提出的三位一体字标注汉语词法分析方法,每个字的标记中包含了词位、词性、命名实体三类信息,将汉语词法分析三项子任务全部统一到字标注的框架中,并最终采用隐马尔可夫模型,实现了三位一体字标注的汉语词法分析系统。测试结果表明,该系统词法分析性能优异。

5.1 汉语词法分析概述

在中文信息处理领域,汉语词法分析是一项重要的基础性研究课题。它不仅是句法分析、语义分析、篇章理解等深层中文信息处理的基础,也是机器翻译、问答系统、信息检索和信息抽取等应用的关键环节。汉语词法分析主要包括汉语分词、词性标注与命名实体识别三项子任务,在国内外一些相关的评测中,常常将它们作为三项独立的子任务进行评测。在已有的研究中,大部分学者也习惯将三项子任务分别加以考虑,尤其习惯于将汉语分词和词性标注依次处理,分词之后再在词序列基础上考虑词性标注问题。这种将汉语词法分析的三项子任务进行独立处理的方法容易造成错误向上传递、放大累加,并且多类信息难以整合利用的不足。针对这一问题,本系统提出一种基于三位一体字标注的汉语词法分析方法,该方法将汉语词法分析过程看作字序列的标注过程,将汉语词法分析三项子任务统一到字标注的框架中,在每个字的标记中融合了词位、词性、命名实体三类词法信息,并采用序列数据标注模型实现了汉语分词、词性标注、命名实体识别三位一体字标注的汉语词法分析系统。借助该汉语词法分析系统,在 Bakeoff2007 语料上进行了大量对比实验,分别将字标注汉语分词,词语序列基础上汉语词性标注,字标注命名实体识别作为 Baseline,重点对比了它们和三位一体字标注汉语词法分析性能的差异。结果表明,三位一体字标注的汉语词法分析系统性能更优。

5.1.1 汉语词法分析的内涵

词法分析是自然语言处理技术的基础,其性能将直接影响句法分析、语义分析及后续应用系统的性能。词法分析作为基础处理步骤，早期的错误会沿着处理数据流扩散累加，并最终影响机器翻译、问答系统、信息检索等面向最终用户的应用系统的质量。面向汉语的词法分析是中文信息处理的首要任务，主要包括汉语自动分词、词性标注、命名实体识别三项子任务。所以，对汉语词法分析的研究有极其重要的意义。

汉语中词是最小的能够独立运用的有意义的语言单位。但是汉语书写时却以字为基本的书写单位，词语之间不存在明显的分隔标记，因此，中文信息处理领域的一项最基础研究课题是如何借助计算机将汉语的字串切分为合理的词语序列，即汉语自动分词。词性是词的一种基本语法属性。某些词只有一种词性，这类词无论出现在文本的什么位置，词性都相同，例如，"我们"一词无论出现在汉语文本的任何位置总是代词。而有些词有两种或两种以上的词性，这些词在不同的文本中有不同的词性，这种现象称为词兼类现象，在自然语言中很常见。依据上下文信息，为一个词语标明其在上下文中的词性就是所谓的词性标注，词性标注也是自然语言处理中一项非常重要的基础性工作。命名实体是未登录词的主要一类，未登录词是指未被收录到分词词典中但又必须切分出来的词，主要包括两大类：一类是新出现的普通词语或专业术语；另一类是专有名词，例如人名、地名、机构名、译名等。未登录词在汉语文本中普遍存在，微软亚洲研究院黄昌宁曾指出，未登录词对分词精度的影响超过了歧义切分，大约是歧义切分的 5 倍以上。因此，未登录词的识别在实用汉语词法分析系统中的作用举足轻重，作为其中最主要部分的命名实体识别就至关重要。

5.1.2　汉语词法分析研究现状

从计算机诞生的那一天起，人们就开始研究自然语言的计算机处理。经过几十年的研究，逐渐形成了两种基本的处理方法：理性主义方法和经验主义方法。理性主义方法的主要研究思路是研究自然语言的结构，或者说研究语言的规则，当前国内外基于规则的自然语言处理方法就是典型的理性主义方法。与理性主义相反的是经验主义的研究方法，经验主义方法是借助概率统计的知识，将语言事件赋予概率，通过统计方法描述一个词、词性、词与词的搭配、语句等是常见的还是罕见的。作为自然语言处理研究的一部分，汉语词法分析的研究也包含了理想主义方法和经验主义方法，主要可划分为三类：一是基于规则的方法，如最大匹配分词、基于错误驱动的词性标注、基于规则的命名实体识别等方法；二是基于统计的方法，如 N 元语法模型分词、隐马尔可夫词性标注、最大熵模型命名实体识别等；三是统计与规则相结合的方法，该方法可综合利用语言统计信息与语言本身的知识，往往具有更好的性能，如中国科学院计算技术研究所采用的层叠隐马尔可夫模型的词法分析系统 ICTCLAS。

现阶段，基于统计的方法是汉语词法分析的主流技术。对汉语分词任务而言，从 1983 年第一个实用分词系统 CDWS 诞生到现在，国内外的研究者在汉语分词方面进行了广泛的研究，提出了很多有效的算法。我们可以粗略地将这些方法分为两大类：第一类是基于语言学知识的规则方法，如各种形态的最大匹配、最少切分方法，以及综合了最大匹配和最少切分的 N-最短路径方法;还有研究者引入了错误驱动机理,甚至是深层的句法分析。第二类是基于大规模语料库的机器学习方法,这是目前应用比较广泛、效果较好的解决方案。用到的统计模型有 N 元语法模型、信道-噪声模型、HMM、最大熵模型、条件随机场等。在实际的分词系统中,往往是规则与统计等多类方法的综合。一方面,规则方法结合使用频率,形成了可训练的规则方法;另一方面,统计方法往往会采用一些规则排除歧义,识别数词、时间及其他未登录词等。

近年来,汉语自动分词领域的研究取得了令人振奋的成果。其中,基于字的词位标注汉语分词技术(也称为基于字标注的汉语分词或由字构词)受到了广泛关注,在可比的评测中性能领先的系统几乎无一例外都运用了类似的思想。2002 年,Xue 在第一届国际计算语言学会下属的汉语处理特别兴趣研究组(special interest group on Chinese language processing,SIGHAN)研讨会上发表了第一篇基于字标注(character-based tagging)的汉语分词论文,Xue 采用四词位的最大熵模型标注器进行汉语分词。黄昌宁等采用条件随机场模型,使用六词位(B、B_2、B_3、M、E、S)和六特征模板(TMPT-6)实现了基于字标注的分词系统,取得了很好的分词效果。在此基础上,赵海又提出了基于子串标注的汉语分词方法,一种字词结合的分词思想,采用联合解码进行汉语分词处理。罗彦彦提出了一种基于 CRFs 边缘概率的汉语分词。综合分析这些研究,可知其都是将汉语分词的本质看作对一个字串中的每个字作出切分与否的二值决策过程,因此基于字的词位标注的汉语分词,使用 CRFs 的分词方法大都使用二词位标注集,使用最大熵模型的分词方法中广泛使用四词位标注集。

对汉语词性标注任务而言,由于汉语缺乏词的形态变化,常用词兼类现象所占比重大,如《现代汉语八百词》收取的是最常用的词,兼类词比例高达 22.5%。通过对实际语料进行统计,可知兼类词占语料总词次的 35.7%,越是常用的词,不同的用法越多,在句中出现的频率越高,覆盖面越广,导致词类排歧的任务量大、面广,复杂多样。对于汉语词性标注任务,由于基于规则的方法适应性较差,所以已有的研究中基于统计语言模型的方法居多。在汉语词性标注已有的研究中,基于统计语言模型的方法居多,已采用的统计语言模型主要有 N 元语法模型、隐马尔可夫模型、最大熵模型、条件随机场、SVM 等。综合分析这些文献,可知其都是将汉语词性标注的本质看作对一个词串的序列标注问题,在词序列基础上借助于统计语言模型实现。

在命名实体识别方面,主要的出发点是综合利用未登录词内部构成规律及其上下文信息。未登录词识别处理的对象主要是人名、地名、译名和机构名等命名实体。在语料库不足的条件下,未登录词识别唯一的出路是采取精细的规则,规则一般来源于观察到的语言现象或者是大规模的专名库。近些年来,随着基于字标注汉语分词方法的提出和盛行,基于字标注的方法也广泛用于汉语命名实体识别中,在 SIGHAN 组织的一些评测中,参评的系统也多采用基于字标注的命名实体识别方法。综合以上分析可见,目前比较成功的解决方案大都是从大规模的真实语料库中进行机器学习,在汉语命名实体识别任务上,基于 HMM 的方法、最大熵模型方法、CRFs 方法以及 SVM 方法是目前比较常见的方法。

从以上分析可知,对于汉语词法分析这一问题,国内外已经进行了大量研究,在已有的研究中,多数将汉语词法分析的三项子任务分别进行研究,近十年来,主流的汉语分词、命名实体识别多采用基于字标注的技术,汉语词性标注一般都在词序列基础上采用统计语言模型进行。当然,前期也有一些学者对汉语词法分析的分词、词性标注、命名实体识别三项子任务的一体化进行了探索。白栓虎在 1996 年就提出了基于统计的汉语词语切分和词性标注一体化模型,在处理过程中充分利用词性标注的资源来消除切分歧义。刘群、张华平等提出了基于层叠隐马尔可夫模型的汉语词法分析,将汉语分词、词性标注和未登录词识别集成到一个完整的理论框架中。他们深入比较了两步走和一体化的优劣,提出了基于字标注的一体化分词和词性标注方法是最佳方案,其分词系统获得了 SIGHAN2003 四个测试语料中三项封闭测试第一,同时又肯定了两步走方案在训练和测试时间上的优势。石民等探索了先秦文献中的词切分和词性标注一体化的方法,也都研究了在一个统一的框架下同时实现汉语词语切分和词性标注问题。

5.1.3　三位一体字标注汉语词法分析方法

本书作者在前人研究的基础上,提出了一种基于三位一体字标注的汉语词法分析方法。该方法将汉语词法分析的三项子任务全部统一到字标注的框架中,每个字的标记中包含了词位、词性、命名实体三类词法信息,形式为"词位_词性或命名实体类别",由两部分组成,中间用下划线隔开,下划线之前是词位信息,之后是词性或命名实体类别信息。其中,词位是指该字在所构成的特定词语中所占据的构词位置,本系统中我们规定字只有四种词位:B(词首)、M(词中)、E(词尾)和 S(单字成词)。根据字序列标记中的词位信息,就可以实现汉语分词。词性是该字所在特定词语所属的词语类别。本系统所用词性标注集为北京大学计算语言学研究所的词性标注集。如果该字所在的词语为命名实体,则标记中下划线后为相应命名实体类别。本系统研究的命名实体包括人名、地名、组织机构名三类,分别用 PER、LOC、ORG 标识。根据字序列标记中的词性和命名,实体类别部分可以分别实现汉语词性标注和命名实体识别。三位一体字标注汉语词法分析本质上就是把词法分析过程看作一个字序列的词法信息标注过程。如果一个汉语字串中每个字的词法标记信息都确定了,那么该字串的词语切分、词性标注、命名实体识别也就完成了。例如:要对字串序列"中国政府顺利恢复对香港行使主权,"进行词法分析,只要得到该字串的词法信息标注结果(如图 5-1 所示),然后再根据三位一体字标注汉语词法分析的思想,由标注结果中的词位部分可以得到分词结果,由词性或命名实体类别部分可以得到词性标注和命名实体识别结果,综合这些结果就得到相应的词法分析结果。例句字串的汉语词法分析结果为"中国政府/ORG 顺利/ad 恢复/v 对/p 香港/LOC 行使/v 主权/n ,/wd"。

中	B_ORG
国	M_ORG
政	M_ORG
府	E_ORG
顺	B_ad
利	E_ad
恢	B_v
复	E_v
对	S_p
香	B_LOC
港	E_LOC
行	B_v
使	E_v
主	B_n
权	E_n
，	S_wd

图 5-1　三位一体字标注示意图

另外,三位一体字标注的汉语词法分析中还有几个需要注意的问题:①由于汉语真实文本中还包含少量的非汉字字符,所以三位一体字标注汉语词法分析中所说的字不仅仅指汉字,而且还包括标点符号、西文字母、数字等非汉字字符。②测试结果中多字词的多个字的标记中,每个字的词性或命名实体类别标记部分未必一致,这时该如何确定词性或命名实体类别呢?是取词首字的,还是词尾字的或词中字的标记作为整个词的词性或命名实体类别呢?例如,字标注结果"希 B_v 望 M_v 工 M_n 程 E_n"使得词语"希望工程"可以选取词性"动词 v",也可以选取"名词 n"。本系统根据实验对比,选取词尾字的标记作为整个词语的词性或命名实体类别。

5.2　三位一体字标注中隐马尔可夫模型的参数估计

第 4 章已经对隐马尔可夫模型的三个基本问题及其求解算法进行了详细论述,本小节不再赘述,仅对基于 HMM 的三位一体字标注中的训练问题,即 HMM 参数估计进行简要阐述。

训练问题用于根据已有数据估计模型的参数,根据已有训练数据是否带有标记分为两类:第一类,对不带标记的训练集,采用前向后向算法进行参数估计;第二类,对带标记的训练集,采用最大似然估计算法进行参数估计。本系统的参数估计属于第二类。

1) 从带标记训练集进行参数估计

利用 HMM 进行三位一体字标注时,首先要进行隐马尔可夫模型的参数估计,也就是从标注好的训练语料中用最大似然估计学习模型的参数。计算模型的初始状态概率、状态转移概率和输出概率的公式如下：

$$\pi_i = \frac{C(X_1 = s_i)}{\sum_{j=1}^{N} C(X_1 = s_j)}, 1 \leqslant i \leqslant N \tag{5-1}$$

其中，$C(X_1 = s_i)$ 是训练语料中，以 s_i 为初始状态的序列个数。

$$a_{ij} = \frac{C_{i,j}}{\sum_{k=1}^{N} C_{i,k}}, 1 \leqslant i, j \leqslant N \tag{5-2}$$

其中，$C_{i,j}$ 是训练序列中，从状态 s_i 转移到状态 s_j 的次数。

$$b_{ik} = \frac{C_{i,k}}{\sum_{j=1}^{M} C_{i,j}}, 1 \leqslant i \leqslant N, 1 \leqslant j \leqslant M \tag{5-3}$$

其中，$C_{i,k}$ 是训练序列中，从状态 s_i 输出符号 o_k 的次数。另外，由于标注的训练语料数量有限及数据稀疏现象的影响，所以对这些参数需要进行平滑处理，参数平滑处理的详细论述见下一小节。

2）数据稀疏问题及平滑处理

在参数求解过程中，由于训练语料规模的限制，数据稀疏问题通常是必须考虑的问题。所谓数据稀疏，就是在整个训练语料中，有许多样本的出现概率很低甚至为零，它将会导致通过统计学习得到的参数是不可信的或是不充分的。与自然语言文本中较大的词语特征维数相比，HMM 使用的训练数据常常过于稀疏，从而导致计算输出概率时缺乏足够的训练数据。为了解决这一问题，人们通常使用平滑方法计算在训练语料中没有出现的字符的输出概率。这些方法的基本思想都是从已出现字符的输出概率中分配一些给未出现的字符。

为了解决 HMM 中常见的数据稀疏问题，并且保证模型的简洁性，本系统使用了 Good-Turning 平滑方法来计算在训练样本中没有出现的字符的输出概率。Good-Turning 平滑方法的基本思想是：对训练语料中观察到的样本进行概率调整，将调整出来的概率和按照一定的规则分配给在训练语料中未观察到的样本上，从而消除零概率估计。

设 n_r 为训练语料中出现 r 次的字符（样本）的个数，训练语料的规模用 N 表示，则

$$N = \sum_r r \times n_r \tag{5-4}$$

按照最大似然估计方法，出现 r 次的字符的概率应为 $P = r/N$。为了克服零概率，可对字符的出现频次 r 做适当调整，以 r^* 代替 r。如果取调整频次：

$$r^* = (r+1) \frac{n_{r+1}}{n_r} \tag{5-5}$$

则得到的概率估计称为 Good-Turning 概率估计，记为 P_{GT}，可由式（5-6）计算：

$$P_{GT} = \frac{r^*}{N} = \frac{(r+1) \times n_{r+1}}{N \times n_r} \tag{5-6}$$

这样，样本中所有概率之和为

$$\sum_{r>0} n_r \times P_r = 1 - \frac{n_1}{N} < 1 \text{。} \tag{5-7}$$

也就是说,为了保证限制条件 $\sum P = 1$,有 n_1/N 的剩余概率量可分配给所有未出现的样本($r=0$ 的字符)。

5.3　三位一体字标注的汉语词法分析系统

5.3.1　系统简介

本系统是一款基于三位一体字标注的汉语词法分析系统,实现了汉语分词、词性标注、命名实体识别三项汉语词法分析子任务。针对汉语词法分析中分词、词性标注、命名实体识别三项子任务分步处理时多类信息难以整合利用和错误向上传递放大的不足,本汉语词法分析系统基于三位一体字标注的汉语词法分析技术,采用序列数据标注模型,最终通过一次三位一体字标注,实现了汉语分词、词性标注、命名实体识别三项子任务。三位一体字标注汉语词法分析系统将汉语词法分析的三项子任务全部统一到字标注的框架中,全部采用字序列标注技术实现,在每个字的标记中包含了词位、词性、命名实体三类词法信息,这三类词法信息在汉语词法分析过程中分别用于汉语分词、词性标注和命名实体识别。对本系统和传统分步处理的分词、词性标注、命名实体识别的性能进行大量对比实验,结果表明,本系统的分词、词性标注、命名实体识别的性能都有不同程度的提升,汉语分词的 F 值达到了 96.4%,词性标注的标注精度达到了 95.3%,命名实体识别的 F 值达到了 90.3%。这充分说明,基于三位一体字标注的汉语词法分析系统性能更优。

5.3.2　系统开发环境及基本配置信息

软件开发环境为 Microsoft Visual Studio 6.0,编程语言采用 C++。Windows 平台下最低推荐配置如下:

● 任一主流浏览器;

● CPU 2 GHz 以上;

● 4 GB 以上内存;

● 10 GB 以上的可用硬盘空间;

● 1024×768 以上的显示器(推荐 1280×800),16 位显卡;

● Flash Player 10 以上版本;

● Windows 2003 、Windows XP SP3、Windows Server 2008、Windows Vista、Windows 7 等操作系统。

安装必备的软件环境后,在运行该软件之前须确保已经具备如下基本配置:①得到训练后的汉语词法分析模型,本系统中训练后的模型为 Data 文件夹中的一系列文件。②把训练后的汉语词法分析模型放置到正确的位置,本系统中需要将训练后的模型文件目录 Data 放置到发行编译后的目录"Release"中。

软件的基本信息如下：

- 软件名称：三位一体字标注的汉语词法分析系统；
- 软件版本：1.0 版；
- 软件版权：属安阳师范学院自然语言处理实验室；
- 软件开发环境：Microsoft Visual Studio 6.0；
- 软件编程语言：Visual C++；
- 软件源代码行数：约 6900 行；
- 可运行平台：Windows 2000、Windows 2003、Windows XP、Windows Server 2008、

Vista、Windows 7 等操作系统。

5.3.3　系统基本功能及其操作

基于三位一体字标注的汉语词法分析系统是一套可以用于自然语言处理的应用软件，该系统功能完善，操作简便，运行快捷。所采用的三位一体字标注的汉语词法分析技术由安阳师范学院自然语言处理实验室提出，该技术在汉语词法分析领域处于国内领先地位，该系统就是基于该技术实现的一套汉语词法分析系统，实验结果表明其汉语词法分析性能优异。

1）软件欢迎界面及主界面

双击"Release"目录下的"Trinity_HMM.exe"后，就启动了三位一体字标注汉语词法分析系统，系统运行后首先出现的欢迎界面如图 5-2 所示，暂停 6 秒钟左右。欢迎界面上显示"欢迎使用三位一体字标注汉语词法分析系统"，并且有软件版权所属："安阳师范学院自然语言处理实验室"。

图 5-2　系统欢迎界面

在欢迎界面显示过后，出现的是三位一体字标注汉语词法分析系统主界面，如图 5-3 所示。从图中可以看出，该系统主界面包括上下两个区域：①位于主界面上部的文本框是该系统的简介和功能模块说明区域；②位于主界面下部的为功能模块选项和操作按钮

选择区域,包括"模型训练"和"模型测试"两大模块。

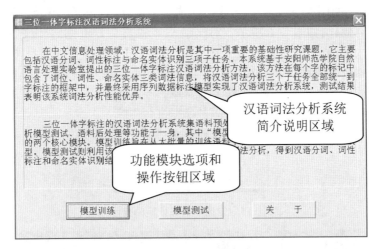

图 5-3　系统主界面

2)汉语词法分析模型训练模块操作

三位一体字标注的汉语词法分析系统集语料预处理、词法分析模型训练、词法分析模型测试、语料后处理等功能于一身,其中"模型训练"和"模型测试"是系统的两个核心模块。模型训练旨在从大批量的训练语料中统计学习得到汉语词法分析模型。模型测试则利用该模型对待处理的汉语文本进行词法分析,得到汉语分词、词性标注和命名实体识别的结果。

首先对模型训练模块进行介绍。当单击系统主界面区域②中的"模型训练"按钮时,会弹出一个窗口,如图 5-4 所示,该窗口是词法分析模型训练的操作窗口。在该窗口,用户可以先单击"选择训练语料"按钮,再单击"开始训练"按钮启动训练程序。

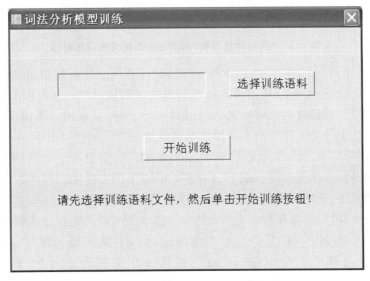

图 5-4　词法分析模型训练模块操作窗口

如果用户没有单击"选择训练语料"按钮就单击了"开始训练"按钮,会出现"请先选择训练文件!"的提示,如图5-5所示。一旦正确选择了训练语料文件,原先的词法分析模型训练窗口会略有变化,如图5-6所示。对比图5-4和图5-6可见,变化之处主要是窗口最下面的提示内容由"请先选择训练语料文件,然后单击开始训练按钮!"变为"开始训练后,时间较长,请耐心等待!"。

图5-5　先选择训练语料的提示

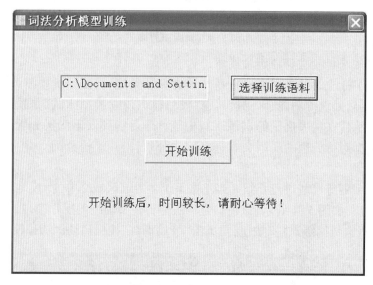

图5-6　"选择训练语料"后的词法分析模型训练窗口

　　"选择训练语料"后,再单击"开始训练"按钮,汉语词法分析模型训练程序就开始运行了,序列数据标注模型开始从选择的训练语料中进行统计学习,最终得到训练后的汉语词法分析模型。训练时间长短和选择的语料大小、运行系统的计算机配置等有关,可能是几秒钟到几十分钟不等。图5-7是模型训练结束之后的窗口图示,图中将训练耗费的时间给出,同时相关训练语料文件、训练语料中的词法信息标记个数、输出符号个数、模型训练时间等信息都保存在Data目录中的"HMM.txt"文件中。序列数据标注模型经过一定时间的训练,最终就得到了词法分析模型,该模型实质上是一些上下文特征及其权重参数等统计信息,分类存放在5个文件中。这5个文件名是选择的训练语料的文件名分别加上"_A""_B""_Pi""_S""_V"后缀组成的,文件的扩展名都为".txt"。例如,如果选择的训练语料文件为"Training.txt",则这5个文件名分别为"Training_A.txt""Training_B.txt""Training_Pi.txt""Training_S.txt""Training_V.txt"。这5个文件构成的汉语词法分析模型在词法分析测试模块中将发挥作用。

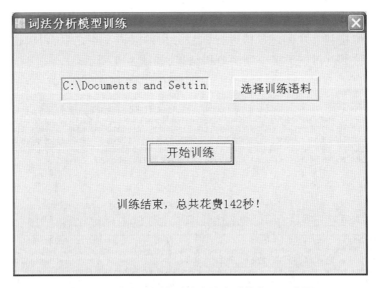

图 5-7 词法分析模型训练结束后的窗口示意图

3) 汉语词法分析模型测试模块操作

词法分析模型测试模块是三位一体字标注汉语词法分析系统的核心模块之一,用户的大部分操作和对系统的应用都将在本模块实现。词法分析模型测试模块的操作界面如图 5-8 所示,从图中可以看出,该模块操作界面包括三个区域:①位于主界面上部的输入框是待进行汉语词法分析的输入数据区域;②位于主界面下部的文本框为汉语词法分析的结果输出区域;③输入数据区域和结果输出区域为操作选项和操作按钮区域。

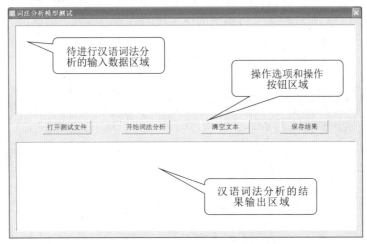

图 5-8 词法分析模型测试模块操作窗口

本汉语词法分析系统独立执行了汉语分词、词性标注、命名实体识别三项子任务,完成了完整的汉语词法分析。在该系统中,这些任务对应于一些基本操作,其中区域②中的操作选项和操作按钮有四个,分别是"打开测试文件""开始词法分析""清空文本"和"保存结果"。

若要对输入的数据进行汉语词法分析,首先需要在区域①输入待进行词法分析的中文字序列,输入的方式可以是通过键盘输入,也可以是从剪贴板粘贴而来,还可以是单击"打开测试文件"按钮。在确定了待进行词法分析的汉语文本之后,再单击"开始词法分析"按钮,在区域②就得到了汉语词法分析结果,如图 5-9 所示。

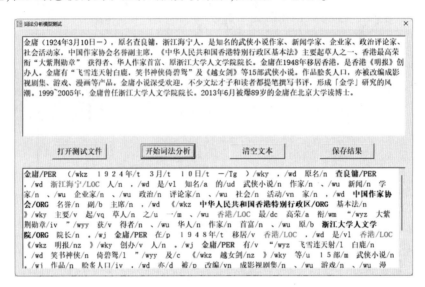

图 5-9　汉语词法分析结果示意图

相对来说,采用粘贴方式和单击"打开测试文件"方式输入待处理汉语文本数据的情况较多,其中,单击"打开测试文件"方式用得更多。如果采用单击"打开测试文件"方式输入待处理数据,单击该按钮后,出现"打开"窗口,如图 5-10 所示。选择要测试的文件后,单击"打开"按钮,则在词法分析模型测试窗口的区域①加载了测试文件内容。例如,选择测试文件为"test6.txt"之后,模型测试窗口如图 5-11 所示。然后再单击"开始词法分析"按钮,在区域②就得到了如图 5-11 所示的汉语词法分析结果。

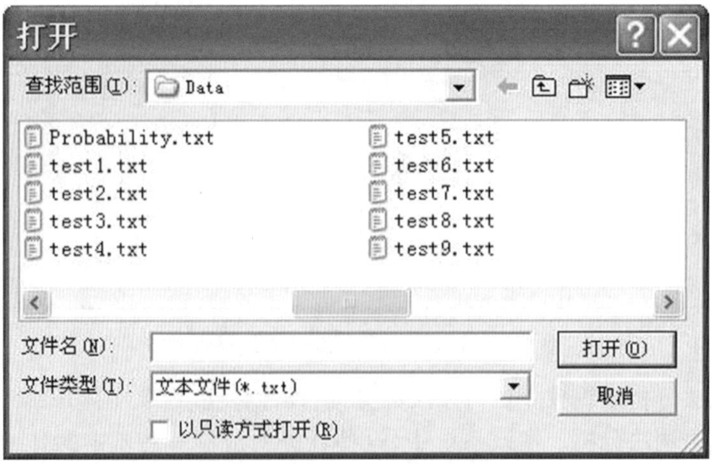

图 5-10　打开测试文件操作示意图

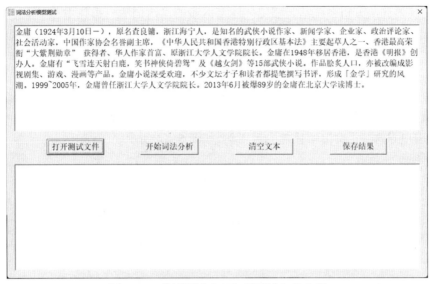

图 5-11　模型测试窗口加载测试文件之后

单击"清空文本"按钮,可以将词法分析模型测试窗口中的区域①和区域②均清空,以便进行下一个文件的测试。如果在词法分析完成之后想保存结果,可以单击"保存结果"按钮,这时会弹出"另存为"窗口,如图 5-12 所示。通过该窗口,用户可以把汉语词法分析结果保存起来,保存之后的结果可以用于词法分析结果中的错误分析,测试词法分析结果的精度,和其他方法的分析结果进行对比等。如果选择的测试文件还没有进行词法分析,这时单击"保存结果"按钮,会弹出一个如图 5-13 所示的窗口,提示用户还没有进行词法分析。

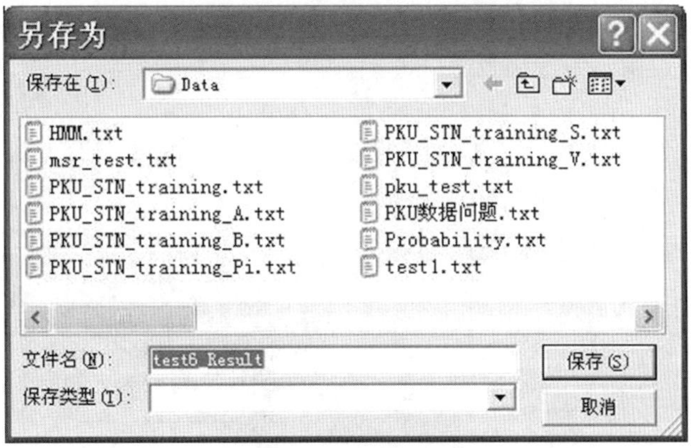

图 5-12　词法分析结果保存窗口示意图

图 5-13　未进行词法分析的提示

本套汉语词法分析系统基于三位一体字标注的汉语词法分析技术,采用序列数据标注模型,最终通过一次三位一体字标注,实现了汉语分词、词性标注、命名实体识别三项子任务。在实现过程中,每个字的标记中包含了词位、词性、命名实体三类词法信息,这三类词法信息在汉语词法分析过程中分别用于汉语分词、词性标注和命名实体识别。为了让用户对汉语词法分析的结果有个比较直观的认识,本软件在进行词法分析结果显示时尽量做到直观明了,尤其对人名、地名、组织机构名这三类命名实体采用不同的颜色来显示,使用户对这三类命名实体能一目了然,如图 5-14 所示。

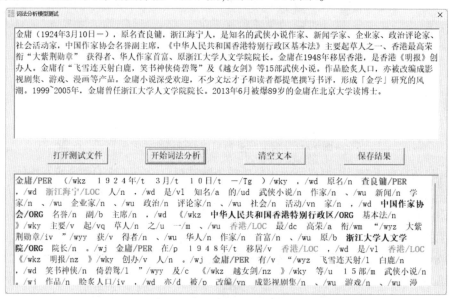

图 5-14　分别用红、绿、蓝三种颜色显示三类命名实体示意图

4) 其他操作

本系统其他操作包括"退出"系统功能,如图 5-15 所示,单击主窗口"×"按钮。"关于"功能,给出该系统相关信息,如图 5-16 所示。

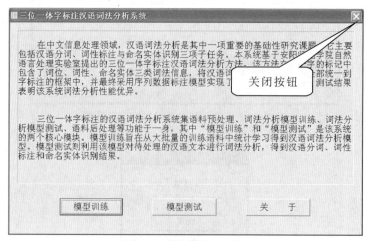

图 5-15　"退出"程序示意图

图 5-16　"关于本系统"窗口示意图

5）可能问题及对策

（1）选择了相关的操作选项，单击"开始词法分析"按钮后弹出出错窗口，如图5-17所示。该问题产生的主要原因是没有将训练后的词法分析模型放置到正确的位置，本系统中需要将训练后的模型文件放置到发行编译后的目录"Release"中的"Data"目录下。

图 5-17　单击"开始词法分析"按钮之后出错

解决步骤：①找到训练后的模型数据，本系统中训练后的模型为 Data 目录中的一系列文件；②把找到的模型放置到正确的位置，确保已经把训练后的汉语词法分析模型放置到正确的位置，以及需要将训练后的模型文件目录 Data 放置到发行编译后的目录"Release"中。问题解决之后的运行结果正常。

（2）软件进行汉语词法分析之后的输出结果和输入数据不一致。在该系统进行测试时，发现进行汉语词法分析后的输出结果和输入数据不一致，输出结果仅仅是输入数据的一部分，后来调试程序发现了其中的问题所在，将问题解决。

5.4　对比实验及分析

5.4.1　实验环境及实验数据集

本系统所有实验是在实验室 DELL Optiplex 760 台式机上进行的，软硬件环境主要参数如下：

CPU：Intel（R）Core（TM）2 Quad CPU Q8200 2.33 GHz；内存：4 GB；操作系统：Microsoft Windows XP Professional 2002 Service Pack 3。

本系统采用的训练语料和测试语料是由 SIGHAN 举办的第四届国际汉语语言处理评测 Bakeoff2007 所提供的，是由北京大学提供的汉语词性标注语料和命名实体语料，其中汉语词性标注语料大小为 8.42 MB，词数为 1116574 个，命名实体语料大小为 11.2 MB。

这两种语料所标注的文本内容完全相同,进行三位一体字标注汉语词法分析训练或测试时需要将这两种语料处理后融合到一起,图 5-18 是语料处理过程的示意图。首先是将原词性标注语料拆分为一字一标记的格式,此时的标记形式为"词位_词性类别",然后再根据命名实体语料将所有命名实体的那部分字的标记修改为"词位_命名实体类别",融合后的语料大小为 15.0 MB。然后将融合后语料的十分之九作为训练语料,十分之一作为测试语料。统计发现,这些语料中共有字的词法信息标记 257 种,详细的词法信息标记可以参看附录 1。由于标记较多,所以本系统具体实现时需要注意产生的特征函数数量多的问题。

词性标注语料中原始语料如下:		
中国/ns 政府/n 顺利/ad 恢复/v 对/p 香港/ns 行使/v 主权/n ,/wd		
词性标注拆分后语料如下:	命名实体原始语料如下:	融合后的语料如下:
中　B_ns	中　B_ORG	中　B_ORG
国　E_ns	国　I_ORG	国　M_ORG
政　B_n	政　I_ORG	政　M_ORG
府　E_n	府　I_ORG	府　E_ORG
顺　B_ad	顺　N	顺　B_ad
利　E_ad	利　N	利　E_ad
恢　B_v	恢　N	恢　B_v
复　E_v	复　N	复　E_v
对　S_p	对　N	对　S_p
香　B_ns	香　B_LOC	香　B_LOC
港　E_ns	港　I_LOC	港　E_LOC
行　B_v	行　N	行　B_v
使　E_v	使　N	使　E_v
主　B_n	主　N	主　B_n
权　E_n	权　N	权　E_n
,　S_wd	,　N	,　S_wd

图 5-18　语料处理过程示意图

5.4.2　性能评估

在对三位一体字标注汉语词法分析进行性能评估时,本系统采用两类评估方法:一类是根据设定的特征模板集进行整体评价,采用的评价指标是字标注准确率,该准确率表示在测试语料全部字标注中,正确的标注所占的比值;另一类是该方法和传统分步处理的分词、词性标注、命名实体识别的性能进行对比,采用的评估指标如下所述。

在对汉语分词性能进行评估时,采用了 5 个常用的评测指标:准确率(P)、召回率(R)、综合指标 F 值(F)、未登录词召回率($OOV\ RR$)、词表词召回率($IV\ RR$)。准确率表示在切分的全部词语中,正确切分的词语所占的比值。召回率指正确切分的词语占标准答案中词语的比值。综合指标 F 值是对综合准确率和召回率两个值进行评价的一种办法。

在对汉语词性标注性能进行评估时,采用了常用的评测指标:标注精度。标注精度表示在对全部词语标注的词性中,正确标注词性的词语所占的比值。

在对汉语命名实体识别进行评估时,采用了 3 个常用的评测指标:准确率(P)、召回率(R)、综合指标 F 值(F)。准确率表示在识别的全部命名实体中,正确的识别所占的比值。召回率指正确识别的命名实体占标准答案中的比值。综合指标 F 值是对综合准确率和召回率两个值进行评价的一种办法。

5.4.3 对比实验及其结果分析

1)实验设计

本系统设计了两个阶段的实验,分别配合两类评估方法对基于三位一体字标注的汉语词法分析性能进行评估。第一个阶段是在测试语料的字标注结果上进行的,采用字标注的准确率进行评估。在第一个阶段结果的基础上,第二个阶段分别就汉语分词、词性标注、命名实体识别三项子任务的性能进行三组对比实验:①三位一体字标注汉语词法分析的分词性能和基于字标注的汉语分词性能对比实验。②三位一体字标注汉语词法分析的词性标注性能和词序列基础上的汉语词性标注性能对比实验。③三位一体字标注汉语词法分析的命名实体识别性能和基于字标注的命名实体识别性能对比实验。

2)三位一体字标注的汉语词法分析性能

我们首先在预处理后的训练语料上进行了三位一体字标注汉语词法分析的训练,然后采用训练出的模型,对测试语料进行三位一体字标注测试,测试的字标注准确率平均达到 95.86%,大体反映了三位一体字标注的汉语词法分析方法有不错的性能。

3)三位一体字标注词法分析与其他方法的比较

在三位一体字标注的基础上,第二个阶段分别就汉语分词、词性标注、命名实体识别三项子任务的性能进行对比实验。首先是对本系统三位一体字标注汉语词法分析中的分词性能和基于单一字标注的汉语分词性能进行对比。其中,单一字标注汉语分词采用条件随机场模型实现,设定的样本窗口大小和特征模板集分别是"5 字窗口"和 TMPT-10。表 5-1 给出了本系统方法和字标注方法汉语分词性能对比。从表 5-1 中的数据可以看到,三位一体字标注的汉语词法分析中的汉语分词性能比单一字标注的汉语分词方法的性能的综合指标 F 值提高了 2.3%,这说明在字的标记中融入词性和命名实体的信息对汉语分词性能有不小的提高。

表 5-1 不同方法的汉语分词结果

不同方法	P	R	F	$OOV\ RR$	$IV\ RR$
三位一体方法	0.964	0.963	0.964	0.949	0.963
单一字标注	0.945	0.937	0.941	0.629	0.945

然后对三位一体字标注汉语词法分析的词性标注性能和词序列基础上的汉语词性标注性能进行了对比实验。其中,词序列基础上的方法采用最大熵模型实现,设定的样本窗口为"3 词语窗口",特征模板集为"$W_{-1},W_0,W_1,T_{-1}T_0$"。表 5-2 给出了本系统方法和词序列基础上的汉语词性标注性能的对比情况,其中对多字词的词性选取的是词尾字的词性标记。从表 5-2 的数据可以看到,三位一体字标注中的汉语词性标注性能比基于词序列的汉语词性标注性能提高了 0.7%。

表 5-2　不同方法的汉语词性标注结果

不同方法	标注精度
三位一体方法	95.3%
词序列基础上的方法	94.6%

最后对三位一体字标注汉语词法分析的命名实体识别性能和基于单一字标注的命名实体识别性能进行对比实验。其中,单一字标注的命名实体识别采用条件随机场模型实现,设定的样本窗口大小和特征模板集分别为"5 字窗口"和 TMPT-10。表 5-3 给出了实验结果。从表 5-3 中的数据可见,本系统的方法比单一字标注的方法综合指标 F 值提高了 2% 以上。

表 5-3　不同方法的汉语命名实体识别结果

不同方法	P	R	F
三位一体方法	0.9282	0.8785	0.9026
单一字标注	0.9137	0.8523	0.8819

5.5　小结

在中文信息处理领域,汉语词法分析是一项重要的基础性研究课题。针对汉语词法分析中分词、词性标注、命名实体识别三项子任务分步处理时多类信息难以整合利用,且错误向上传递放大的不足,本章提出了一种三位一体字标注的汉语词法分析方法。该方法将汉语词法分析过程看作字序列的标注过程,将每个字的词位、词性、命名实体三类信息融合到该字的标记中,采用序列数据标注模型之一的隐马尔可夫模型经过一次标注实现汉语词法分析的三项子任务。实验结果表明,三位一体字标注方法的分词、词性标注、命名实体识别的性能都有不同程度的提升。今后将进一步完善该方法,力争能在中文信息处理的实际任务中加以广泛应用。

6

条件随机场与序列标注

条件随机场是广泛应用于序列数据标注的统计语言模型之一,也是一种经典的概率图模型,由于其出色的特征描述能力和克服标注偏差的特性而得到了广泛的应用。条件随机场是一种以给定的输入序列为条件来预测输出序列概率的无向图模型。用于模拟序列数据标注的 CRFs 是一个简单的链图或线图,它是一种最简单也最重要的 CRFs,称为线链 CRFs(linear-chain CRFs)。

6.1 概率图模型

概率图模型(probabilistic graphical model,PGM)是一类用图的形式表示随机变量之间关系的概率模型总称,是概率论与图论的结合。概率图模型为多个随机变量之间复杂依赖关系的表示提供了统一的框架,具有紧凑有效、简洁直观的特点,也正因为它对大规模复杂系统简约而紧凑的表示能力及其在学习问题和推理问题等领域的理论研究价值,概率图模型的研究和应用在这 20 多年来取得了长足的发展。

6.1.1 概率图模型概要

概率图模型主要用于研究如何用可视化的方式(即图的形式)表示较为抽象的随机变量依赖关系,并用图形结构服务于概率模型的研究。概率图模型的概念最早由 J. Whittaker从统计学的角度提出。但在此之前,计算机与人工智能专家 Judea Pearl 就已经对两类重要的概率图模型——贝叶斯网络和马尔可夫网络进行了详细的阐述,并指出它们在处理不确定性方面有巨大的应用前景。

概率图模型提供了处理不确定性与复杂性问题的工具。不确定性是现实世界应用中不可避免的问题:即使我们对于过去和现在的信息都了如指掌,我们也很难确定地预测将要发生的所有事件。概率论为我们提供了用以对因时而异、因地而异的可能性建模的基础。概率论自 17 世纪以来就存在,但直到最近我们才具有有效使用概率论的知识,能解决涉及许多相互联系的变量的复杂问题,这主要归功于 PGM 框架的发展。概率图模型框架主要包含贝叶斯网络和马尔可夫随机场等模型,使用的思想是:计算机科学中的离散数据结构可以快速编码,在包含成千上万个变量的高维空间操作概率分布。

概率图模型是对一组随机变量的联合概率分布进行建模的形式系统。一个 PGM 就是一个定义于有向图或无向图中的概率分布族,图中的顶点表示随机变量,边表示这些变量之间的概率依赖关系。概率图模型可以定义为一个五元组:

$$G = (V, E, X, b, p)$$

其中,V、E、X 均为有限非空集合,且

(1)V 表示顶点集合。

(2)E 表示边或弧的集合。

(3)$X = \{X_1, X_2, \cdots, X_n\}$,表示随机变量集。

(4)$b: V \rightarrow X$ 是顶点到随机变量的一一对应关系。

(5)$p(x)$ 表示 X 的联合概率分布。

一般来说,概率图模型理论包括三个部分,分别为表示理论、学习理论和推理理论。

1)表示理论

表示理论讨论如何将概率语言和图形语言进行统一,解释一个图模型如何简洁地表示一个联合概率分布。概率图模型的表示理论刻画了随机变量在变量层面的依赖关系,反映出问题的概率结构以及推理的难易程度,也为推理算法提供了可以操作的数据结构。一般地,将概率模型进行图建模包含四个要素:语义——将图的基本元素(节点、边)与概率论的基本元素(随机变量、条件依赖关系)建立联系;结构——确定变量间的依赖关系;实现——确定节点和函数的具体形式,即概率分布的类型(多项分布、高斯分布等);参数——确定分布的具体参数(均值、方差等)。

用于表示概率模型的图一般分为有向图模型(directed graphical model, DAG)和无向图模型(undirected graphical model, UGM)两种。其中,前者更适合表示条件依赖方向更为明显的场合,例如从结点 A 指向结点 B 表示"A 产生或引起 B";后者更适合描述变量相互依赖,例如图像去噪过程中相邻像素点像素值接近的约束。又如,生成模型的典型代表 HMM 通常表示为 DAG,而判别模型的典型代表 CRF 通常表示为 UGM。

2)学习理论

概率图模型的学习理论讨论如何学习模型的结构、参数,或两者兼而有之。学习问题可以用两个属性进行分类——数据是否完备和结构是否已知(complete / incomplete data, known / unknown structure)。基于此,根据数据集是否完备而分为确定性不完备、随机性不完备各种情况下的参数学习算法,针对结构学习算法特点的不同,结构学习算法归纳为基于约束的学习、基于评分搜索的学习、混合学习、动态规划结构学习、模型平均结构学习和不完备数据集的结构学习。

在结构已知(已知图结构,只需要确定具体函数形式及参数)的情况下,常用的学习方法有两类:一类为最大似然估计(MLE),另一类为贝叶斯估计。前者视模型参数为定值,后者视其为随机变量。

在数据完备的情况下,MLE 可将参数学习问题转化为充分统计量的计算问题;在数据不完备的情况下,采用 EM 算法,用迭代方式逐步最大化条件概率。贝叶斯估计在数据完备的情况下,根据误差准则不同,可以诱导出最大后验估计或者后验均值的估计方法;

在数据不完备的情况下,可以视为一种特殊的隐变量,从而将问题归结为推理问题,可以采用变分贝叶斯方法近似求解。

如果结构未知,则问题变为学习模型结构。数据完备时,较好的方式是定义一个得分函数,评估结构与数据的匹配程度,然后搜索最大得分的结构。

3) 推理理论

推理的主要目标是,在给定已观察得到的值之下,推断出隐含于系统中,造成此种观察值的原因。该问题的一般形式包括信度更新、计算最有可能的取值(MPE)和最大后验假设(MAP)。这些问题具有的共同形式是,对一个复杂的概率连乘式在某个子空间内求和(或者搜索最大值)。鉴于含有隐变量的情况下需要多遍运行 VE(variable elimination,变量消除)算法,造成大量重复计算,常用方法是先对概率图进行"编译",得到一棵团树,然后再进行变量消除。三角化方法可以针对一般的概率图进行调整,以更好地建立团树。

对于图 G 很复杂或者随机变量是非线性高斯的连续变量的情形下,需要考虑用近似方法求解推理问题。常用的近似方法包括 Sampling 和变分法两种。Sampling 的代表包括基于 MCMC 的 Gibbs Sampling 和基于 Importance Sampling 的粒子滤波。而变分法包括变分均值场方法、结构变分方法、变分贝叶斯方法等。

经过 20 多年的发展,概率图模型的推理和学习已经广泛应用于机器学习、人工智能、计算机视觉、自然语言处理、生物信息学、专家系统、用户推荐、社交网络挖掘等领域。概率图模型最开始出现在计算机科学和人工智能领域,主要应用于医学诊断。假设一个医生正在给一个病人看病。从医生的角度,他掌握着病人相当数量的信息——诱因、症状、各种检查结果等。机器学习的核心任务是从观测数据中获取一些有用的知识,而 PGM 是实现这一任务的一种有效手段。概率图模型通过将图论和概率论巧妙结合,一方面通过图直观揭示问题的结构,另一方面利用反映问题的图结构降低推理计算的复杂度。目前,马尔可夫网络和贝叶斯网络是应用较广泛的两种概率图模型。马尔可夫网络的一个典型应用是计算机视觉,如图像分割、三维重建、目标识别和图像去噪等。贝叶斯网络是一种不确定性因果关联模型,它蕴含了模型中随机变量之间的因果和条件相关关联情况。贝叶斯网络借助条件概率表示各变量间的关系,在信息有限、不完整、不确定的条件下能够进行推理和学习,具有强大的处理不确定性问题的能力,因此广泛应用于专家系统、数据挖掘、知识发现等领域。

6.1.2　有向图模型

有向图模型(directed graphical model, DGM)是一个有向无环图(directed acyclic graphs, DAGs)。从图论的角度看,有向图模型的拓扑结构是个 DAGs。有向图模型可以看作一个二元组:$G = (V, E)$,其中,V 为顶点集合,E 为顶点之间的有向连接弧的集合。顶点集合中的顶点与问题域中的属性(随机变量)存在一一对应的关系。顶点和随机变量的这种对应关系使得每个有向图模型能够表示为顶点集中随机变量的联合概率分布。

图 G 是有向图意味着每个顶点 V_i 都有一组父顶点 V_{pi},其中 p_i 是 V_i 父顶点的序号。

每个顶点的取值依赖于其父顶点集的取值。为了将条件独立的概念与有向图的结构相结合,定义 G 中顶点集 V 的一个拓扑序列,即对所有的 V_i 而言,其所有的父顶点一定出现在其之前。顶点之间定义了这种拓扑顺序之后,G 中随机变量之间的所有条件独立关系可表述为:给定 V_{p_i} 的条件下,顶点 V_i 条件独立于 V_{v_i},其中 V_{v_i} 是在拓扑序列中除了 V_i 的父顶点 V_{p_i} 外,出现在 V_i 之前的顶点集。这就使得联合概率分布可以定义为:

$$p(V_1, V_2, \cdots, V_n) = \prod_{i=1}^{n} p(V_i \mid V_{pi}) \tag{6-1}$$

为了更好地理解有向图模型,图 6-1 给出了一个简单的有向图模型,它包含五个随机变量。根据式(6-1),可以将五个随机变量的联合概率分布分解为:

$$p(V_1, V_2, V_3, V_4, V_5) = p(V_1)p(V_2|V_1)p(V_3|V_2)p(V_4|V_2)p(V_5|V_3, V_4) \tag{6-2}$$

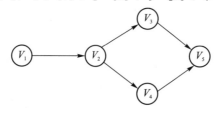

图 6-1 包含五个随机变量的有向图模型

有向图模型通常称为贝叶斯网络(Bayesian network),又称信念网络(belief network),或有向无环图模型,是一种概率图模型,于 1985 年由 Judea Pearl 首先提出。它是一种模拟人类推理过程中因果关系的不确定性处理模型,其网络拓扑结构是一个有向无环图。然而,贝叶斯网络本身并没有什么贝叶斯性质,它们只是一种定义概率分布的方法。这些模型也被称为信念网络,这里的信念是指主观概率。同样,DGMs 所代表的概率分布的类型本身并没有什么主观的内容。最后,这些模型有时被称为因果网络,因为有向箭头有时被解释为表示因果关系。

贝叶斯网络的有向无环图中的节点表示随机变量,它们可以是可观察到的变量,也可以是隐变量、未知参数等。认为有因果关系(或非条件独立)的变量或命题则用箭头来连接。若两个节点间以一个单箭头连接在一起,表示其中一个节点是"因"(parents),另一个是"果"(children),两节点就会产生一个条件概率值。总而言之,连接两个节点的箭头代表这两个随机变量具有因果关系,或非条件独立。

6.1.3 无向图模型

在概率有向图模型或者贝叶斯网络中,必须为每一个依赖关系都指定一个方向,以说明变量之间的条件依赖关系。这些模型是非常有用的,因为它们的结构和参数可以为很多实际问题提供一种自然的表示,比如用来描述病人的一些症状或检查结果对疾病确诊的影响。然而在现实生活中,有时并不能对变量之间的相互影响指定自然的方向。比如,谈判的双方为了达成一致意见,他们协商和讨论的过程将是交互影响的,甚至是对称的,很难强行为这种影响指定方向。此时,无向图模型将可能发挥重要的建模作用。从图论的角度看,无向图模型可以看作一个二元组:$G = (V, E)$,其中,V 是顶点集合,E 表示顶点之间的连接边的集合,边和有向图中的弧不同,是没有方向的。顶点集合中的顶点与问题域中的属性(随机变量)存在一一对应的关系。如图 6-2 所示的是一个包含五个随机变量的无向图模型。

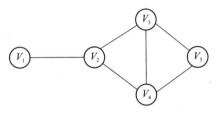

图 6-2　包含五个随机变量的元向图模型

无向图模型又称马尔可夫网络(Markov network,MN)或马尔可夫随机场(Markov random field,MRF)。像贝叶斯网络一样,马尔可夫网络也能够编码联合概率分布的某些因子分解和条件独立性质。严格地说,马尔可夫网络是一个定义在无向图 $G=(V,E)$ 上的概率分布。马尔可夫随机场是一种典型的马尔可夫网,即用无向边来表达变量间的依赖关系。

对于条件独立性,马尔可夫随机场通过分离集来实现条件独立,若 A 结点集必须经过 C 结点集才能到达 B 结点集,则称 C 为分离集。基于分离集的概念,得到了 MRF 的三个性质:

(1)全局马尔可夫性:给定两个变量子集的分离集,则这两个变量子集条件独立,称为全局马尔可夫性。

(2)局部马尔可夫性:给定某变量的邻接变量,则该变量与其他变量条件独立,称为局部马尔可夫性。

(3)成对马尔可夫性:给定所有其他变量,两个非邻接变量条件独立,称为成对马尔可夫性。

MRF 中的势函数主要用于描述团中变量之间的相关关系,且要求为非负函数,直观来看:势函数需要在偏好的变量取值上函数值较大,例如:若 x_1 与 x_2 呈正相关,则需要将这种关系反映在势函数的函数值中。

6.2　条件随机场概述

条件随机场是广泛应用于序列数据标注的统计语言模型之一,也是一种经典的概率图模型,由于其出色的特征描述能力和克服标注偏差的特性而得到了广泛的应用。

6.2.1　条件随机场的定义

从概率图模型的角度看,条件随机场是一种特殊的马尔可夫随机场,是在给定一组输入随机变量或观测变量 X 的条件下,另一组输出随机变量或目标变量 Y 的条件概率分布模型,其特点是假定目标变量集构成马尔可夫随机场。所以,条件随机场实际上可以看作一个通过观测变量集 X 和目标变量集 Y 定义的无向图,或者说是一个在给定 X 时,

表达 Y 的概率分布结构的马尔可夫网络,但与其把它看作对联合概率分布 $P(Y,X)$ 的刻画,还不如将它看作对条件概率分布 $P(Y|X)$ 的刻画。$P(Y|X)$ 称为条件随机场,如果表达 $P(Y,X)$ 的马尔可夫随机场对任意节点 $y \in Y$,满足下面的条件马尔可夫性质,CRFs 是 Lafferty 等于 2001 年提出的一种用于序列数据标注的条件概率模型,它是一种判定性模型(discriminative model)。CRFs 通过定义标记序列和观察序列的条件概率 $P(S|O)$ 来预测最可能的标记序列。CRFs 不仅能够将丰富的上下文特征整合到模型中,而且还克服了其他非产生性模型的标注偏差问题(label bias problem)。

6.2.2 条件随机场的一般形式

条件随机场是一种以给定的输入结点值为条件来预测输出结点值概率的无向图模型。用于模拟序列数据标注的 CRFs 是一个简单的链图或线图(如图 6-3 所示),它是一种最简单也最重要的 CRFs,称为线链 CRFs。在模型的图形结构中,随机变量之间通过指示依赖关系的无向边所连接。线链 CRFs 假设在各个输出结点之间存在一阶马尔可夫独立性,其输出结点由边连接成一条线链,这种 CRFs 可以理解为条件训练的有限状态机(FSMs)。

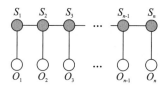

图 6-3 线链 CRFs 的图形结构

设 $O = \{o_1, o_2, \cdots, o_T\}$ 表示被观察的输入数据序列,例如有待标注词位的字序列。$S = \{s_1, s_2, \cdots, s_T\}$ 表示被预测的状态序列,每一个状态均与一个词位标记(例如词首 B、词尾 E)相关联。这样,在一个输入序列给定的情况下,参数为 $\Lambda = \{\lambda_1, \lambda_2, \cdots, \lambda_K\}$ 的线链 CRFs,其状态序列的条件概率为:

$$P_\Lambda(S \mid O) = \frac{1}{Z_O} \exp\left[\sum_{t=1}^{T} \sum_{k=1}^{K} \lambda_k f_k(s_{t-1}, s_t, o, t)\right] \qquad (6-3)$$

其中,Z_O 是归一化因子,它确保所有可能的状态序列的条件概率和为 1,即它是所有可能的状态序列的"得分"的和:

$$Z_O = \sum_S \exp\left[\sum_{t=1}^{T} \sum_{k=1}^{K} \lambda_k f_k(s_{t-1}, s_t, o, t)\right] \qquad (6-4)$$

其中,$f_k(s_{t-1}, s_t, o, t)$ 是一个任意的特征函数,通常是一个二值表征函数。λ_k 是一个需要从训练数据中学习的参数,是相应的特征函数 $f_k(s_{t-1}, s_t, o, t)$ 的权重,取值范围可以是 $-\infty$ 到 $+\infty$。特征函数 $f_k(s_{t-1}, s_t, o, t)$ 能够整合任何特征,包括状态转移 $s_{t-1} \to s_t$ 特征,以及观察序列 O 在时刻 t(当前字位置)的所有特征。

给定一个由式(6-3)定义的条件随机场模型,在已知输入数据序列 O 的情况下,最可能的词位标记序列可以由式(6-5)求出:

$$S^* = \underset{S}{\mathrm{argmax}} P_\Lambda(S|O) \qquad (6-5)$$

最可能的词位标记序列,可以由式(6-5)通过类似于隐马尔可夫模型中的维特比算法动态规划求出。要建立 CRFs 模型还有两个关键的问题:参数估计和特征选择。参数估计是从训练数据集学习每一个特征的权重参数,即求解向量 $\Lambda = \{\lambda_1, \lambda_2, \cdots, \lambda_K\}$ 的过程。而特征选择是筛选出对 CRFs 模型有表征意义的特征,结合本书所采用的 CRF++ 0.53 工具包,其关键在于根据具体的任务设定合适的特征模板集。

6.3 条件随机场的参数估计方法

条件随机场建模时,参数估计就是从训练数据集学习权重参数向量 Λ 的过程,这个过程一般通过最大对数似然估计实现。设训练数据集表示为 $D = \{O^{(i)}, S^{(i)}\}_{i=1}^{N}$,其中,每个 $O^{(i)} = \{o_1^{(i)}, o_2^{(i)}, \cdots, o_T^{(i)}\}$ 是一个输入数据序列;$S^{(i)} = \{s_1^{(i)}, s_2^{(i)}, \cdots, s_T^{(i)}\}$ 是相应的输出数据序列。在训练数据集 D 下条件对数似然为:

$$L_\Delta = \sum_{i=1}^{N} \log P(S^{(i)} \mid O^{(i)}) \tag{6-6}$$

将 CRFs 模型中的条件概率公式(6-3)代入式(6-6),可得:

$$L_\Delta = \sum_{i=1}^{N} \Big[\sum_{t=1}^{T} \sum_{k=1}^{K} \lambda_k f_k(s_{t-1}^{(i)}, s_t^{(i)}, o^{(i)}, t) - \log Z_{O^{(i)}} \Big] \tag{6-7}$$

为了避免估计大量参数时出现过拟合(over-fitting),对数似然经常需要将参数做先验分布的调整,采用高斯先验调整后,式(6-7)变为:

$$L_\Delta = \sum_{i=1}^{N} \sum_{t=1}^{T} \sum_{k=1}^{K} \lambda_k f_k(s_{t-1}^{(i)}, s_t^{(i)}, o^{(i)}, t) - \sum_{i=1}^{N} \log Z_{O^{(i)}} - \sum_{k} \frac{\lambda_k^2}{2\sigma^2} \tag{6-8}$$

其中,最后一项是用于调整特征参数的高斯先验值,σ^2 表示先验方差。优化式(6-8)需要一个迭代的过程,传统的办法是 Della Pietra 等在广义迭代缩放(generalized iterative scaling,GIS)算法的基础上提出的改进的迭代缩放(improved iterative scaling,IIS)算法。Lafferty 等在进行 CRFs 参数估计时采用了基于 IIS 的算法。IIS 算法或基于 IIS 的算法的最大弱点是计算量大,求解速度慢。本章采用 L-BFGS 算法对 CRFs 的参数进行估计。L-BFGS 是一种被实验验证了的训练速度明显快于 IIS 的算法,它是一种充分利用以前的梯度和修改值来近似求得曲率值的二阶方法,可以避免准确的 Hessian 矩阵的逆矩阵的计算。因而,使用 L-BFGS 算法进行 CRFs 训练只要求提供对数似然函数的一阶导数,训练数据集的对数似然函数的一阶导数为:

$$\frac{\partial L_\Delta}{\partial \lambda_k} = \sum_{i=1}^{N} \sum_{t=1}^{T} f_k(s_{t-1}^{(i)}, s_t^{(i)}, o^{(i)}, t) - \sum_{i=1}^{N} \sum_{t=1}^{T} \sum_{s,s'} f_k(s, s', o^{(i)}, t) p(s, s' \mid o^{(i)}) - \frac{\lambda_k}{\sigma^2} \tag{6-9}$$

其中,第一项为特征 f_k 在经验分布下的期望值;第二项为特征 f_k 在模型 Λ 下的期望值。对它们的计算,可采用动态规划高效实现。

6.4　基于条件随机场的词位标注汉语分词

通过前面的讲解,我们对条件随机场已经有了清晰的认识。条件随机场是 Lafferty 在 2001 年提出的一种条件概率模型,它是典型的判别式模型。CRFs 在观测序列的基础上对目标序列进行建模,多用于解决序列化数据标注问题。CRFs 通过定义标记序列和观察序列的条件概率 $P(S|O)$ 来预测最可能的标记序列,不仅能够将丰富的上下文特征整合到模型中,而且还克服了其他非产生性模型(如最大熵马尔可夫模型)的标注偏差问题。由于条件随机场强大的表达能力和出色的性能,自提出之后,被广泛应用到自然语言处理、图像处理与模式识别、生物信息学等领域。近年来,在自然语言处理领域,CRFs 已经成功应用到词语切分、词性标注、命名实体识别、组块分析和短语识别、浅层句法分析、浅层语义分析、信息抽取等任务中,取得了良好的效果。目前基于条件随机场的主要工具包和系统实现主要有 CRF++、MALLET、FlexCRFs、CRFSuite 等,本书所有实验都是基于 CRF++工具包的。

本节和下一节通过两个应用来讲解怎么使用条件随机场解决具体问题。一个应用是基于条件随机场的词位标注汉语分词,另一个应用是基于条件随机场的命名实体识别。本节首先讲解第一个应用。

汉语分词作为中文信息处理领域的一项基础研究课题,近年来受到了广泛的关注,其中基于字的词位标注的分词技术成为当前汉语分词的主流技术。本节采用词首 B、词中 M、词尾 E、单字词 S 四词位标注集,使用条件随机场模型作为标注器进行了汉语分词研究,在第三届、第四届 Bakeoff 的 5 种简体中文评测语料上,TMPT-10 和 TMPT-10' 两种特征模板集上进行了对比实验,实验结果表明本节所提出的 TMPT-10' 是采用四词位标注集、使用 CRFs 进行汉语分词研究是一个更适合的特征模板集。

6.4.1　相关研究

汉语中词与词之间不存在分隔符,词本身也缺少明显的形态标记。因此,中文信息处理领域的一项基础性研究课题是如何将汉语的字串分割为合理的词语序列,即汉语分词,它是句法分析、语义分析等深层处理的基础,也是机器翻译、自动问答系统等应用的关键环节。近年来,汉语自动分词领域的研究取得了令人振奋的成果。其中,基于字的词位标注汉语分词技术(也称为基于字标注的汉语分词或由字构词)受到了广泛关注,在可比的评测中性能领先的系统几乎无一例外都运用了类似的思想。2002 年 Xue 在第一届国际计算语言学会下属的汉语处理特别兴趣研究组(special interest group on Chinese language processing, SIGHAN)研讨会上发表了第一篇基于字标注(character - based tagging)的汉语分词论文,Xue 采用四词位的最大熵模型标注器进行汉语分词。黄昌宁等采用条件随机场模型,使用六词位(B、B_2、B_3、M、E、S)和六特征模板(TMPT-6)实现了基于字标注的分词系统,取得了很好的分词效果。在此基础上,赵海又提出了基于子串标

注的汉语分词方法。宋彦等提出了一种字词结合的分词思想,采用联合解码进行汉语分词处理。罗彦彦提出了一种基于 CRFs 边缘概率的汉语分词。综合分析这些文献,都是将汉语分词的本质看作对一个字串中的每个字作出切分与否的二值决策过程,因此可知其基于字的词位标注的汉语分词,使用 CRFs 的分词方法大都使用二词位标注集,使用最大熵模型的分词方法中广泛使用四词位标注集。CRFs 是 Lafferty 等于 2001 年提出的一种用于序列数据标注的条件概率模型,它是一种判定性模型。CRFs 通过定义标记序列和观察序列的条件概率 $P(S|O)$ 来预测最可能的标记序列。CRFs 不仅能够将丰富的上下文特征整合到模型中,而且还克服了其他非产生性模型的标注偏差问题(label bias problem)。本节采用 B、M、E、S 四词位标注集,使用条件随机场模型进一步研究了基于字的词位标注汉语分词技术,通过在不同语料上对比不同特征模板集训练模型的分词性能,得出了基于四词位标注集,采用 CRFs 的汉语分词最适合的特征模板集:TMPT-10'。

6.4.2　词位标注汉语分词基本思路

汉语中的词语是由一个字或多个字构成的,例如,"天空""今天"是两个字构成的词语,"异想天开"是四字词,"天"是单字词。而构成词语的每个汉字在一个特定的词语中都占据着一个确定的构词位置,即词位。这里我们规定字只有四种词位:B(词首)、M(词中)、E(词尾)和 S(单字成词)。显然同一个汉字在不同词语中的词位可以不同,例如,汉字"天"在上面的四个词语中的词位依次是:B(词首)、E(词尾)、M(词中)、S(单字词)。基于字的词位标注汉语分词就是把分词过程看作每个字的词位标注问题。如果一个汉语字串中每个字的词位都确定了,那么该字串的词语切分也就完成了。例如,要对字串"当希望工程救助的百万儿童成长起来。"进行分词,只需标注出该字串的词位序列(1),由词位标注结果就很容易得到对应的分词结果(2)了。

(1)词位标注结果:当/S 希/B 望/M 工/M 程/E 救/B 助/E 的/S 百/B 万/E 儿/B 童/E 成/B 长/E 起/B 来/E 。/S

(2)分词结果:当　希望工程　救助　的　百万　儿童　成长　起来　。

需要注意的是,由于汉语真实文本中还包含少量的非汉字字符,所以基于字的词位标注汉语分词中所说的字不仅仅指汉字,而且还包括标点符号、西文字母、数字等非汉字字符。

6.4.3　条件随机场对词位标注汉语分词建模

要建立 CRFs 模型还有两个关键的问题:参数估计和特征选择。参数估计是从训练数据集学习每一个特征的权重参数,即求解向量 $\Lambda = \{\lambda_1, \lambda_2, \cdots, \lambda_K\}$ 的过程。而特征选择是筛选出对 CRFs 模型有表征意义的特征,结合本节所采用的 CRF++0.53 工具包,其关键在于根据具体的任务设定合适的特征模板集。

建立条件随机场模型的另一个关键是,如何针对特定的任务为模型选择合适的特征集,用简单的特征集表示复杂的语言现象。一些实验已经验证了特征选择和归纳对 CRFs 的性能有明显影响。在条件随机场的训练学习中,每个特征都对应了一组特征函数,这些特征函数对 CRFs 模型的学习至关重要。而这些特征又是通过特征模板扩展来的,特征模板是对一组上下文特征按照共同的属性进行的抽象。对基于字的词位标注汉语分词这一任务而言,设定合适的特征模板至关重要。

在汉语分词中,可供选择的特征非常少,对使用条件随机场建模的词位标注汉语分词系统而言,主要需要考虑的是字特征。字特征是指当前字本身及其上下文构成的特征,根据黄昌宁发表的《中文分词十年回顾》一文中"使用前后各两个字是比较理想"的结论,这一具体任务的字特征是指当前字本身,以及当前字前后各两个字所组成的特征。针对基于字的词位标注来实现汉语分词这一任务,在详细分析输入数据的上下文信息的基础上,结合本节采用的 CRF++0.53 这一工具包,我们将所有字特征抽象为 10 类,即对应 10 个特征模板,记这种模板集为 TMPT-10',如表 6-1 所示。表中的 C_n 代表当前字或者和当前字相距若干位的字。例如,C_0 表示当前字,C_1 表示当前字的后一个字,C_{-1} 表示当前字的前一个字,以此类推。

在相关工作中,TMPT-10 是最常用的一组特征模板,TMPT-6 是黄昌宁等的论文中使用的特征模板,是配合 6 词位标注集使用的。这些常见的特征模板集见表 6-1。本节之所以使用 TMPT-10' 是基于这样一种观察:在真实语料中,如果出现"北京市……""北京到……""北京和……""北京城……""北京烤鸭……""北京大学……"这些字串,而且假定当前字是第 3 个字的话,那么从 TMPT-10 都会扩展出"北京"这一特征。而在 TMPT-10' 中,我们通过加入当前字对这一特征进行进一步细分,使扩展出的特征更能反映语言中的真实情况。

表 6-1　特征模板集列表

模板类型	特征模板集 TMPT-10'	特征模板集 TMPT-10	特征模板集 TMPT-6
Unigram	$C_{-2},C_{-1},C_0,C_1,C_2$	$C_{-2},C_{-1},C_0,C_1,C_2$	C_{-1},C_0,C_1
Bigram	$C_{-1}C_0,C_0C_1$	$C_{-2}C_{-1},C_{-1}C_0,C_0C_1,C_1C_2,C_{-1}C_1$	$C_{-1}C_0,C_0C_1,C_{-1}C_1$
Trigram	$C_{-2}C_{-1}C_0,C_{-1}C_0C_1,C_0C_1C_2$		

6.4.4　实验数据集

为验证本节提出的采用 B、M、E、S 四词位,使用条件随机场作为词位标注建模工具,并选择 TMPT-10' 作为特征模板集进行汉语分词的方法,我们进行了多组实验。为了便于与相关工作进行比较,本应用实验沿用了 Bakeoff 的封闭测试规则,即测试模型只能从相应语料库的训练集中学习分词知识。实验时分别在不同的数据集上进行了训练和评测,并探讨了不同特征模板集对实验性能的影响,得出了和 TMPT-10 相比,TMPT-10' 是更适合的特征模板集的结论。

1) 实验数据集

本应用采用的训练语料和测试语料是 SIGHAN 举办的第三届和第四届国际中文分词评测 Bakeoff 所提供的语料中的简体中文语料,共包含 5 个单位提供的训练语料和测试语料。表 6-2 是这些语料的相关统计信息。其中,语料集中训练语料是采用空格或制表符作为分隔符进行了汉语分词的语料,采用 CRF++ 工具包进行模型训练时,首先需要对这些语料进行预处理,预处理后的语料格式为一行三列。表 6-2 中"训练语料大小"项中后一个数值为作者采用自己编写的语料进行转换工具对这些训练语料进行预处理之后的文件大小。

表 6-2　Bakeoff 3&4 评测语料的统计信息

评测会议	语料提供者	训练语料大小	训练语料词数	测试语料大小	测试语料词数
Bakeoff 4	CTB(UC)	3.28 MB/8.96 MB	642 K	264 KB	81 K
Bakeoff 4	NCC	4.54 MB/12.2 MB	917 K	457 KB	152 K
Bakeoff 4	SXU	2.66 MB/7.36 MB	528 K	367 KB	113 K
Bakeoff 3	MSRA	5.43 MB/18.4 MB	1260 K	345 KB	100 K
Bakeoff 3	UP&UC	2.08 MB/5.69 MB	508 K	506 KB	151 K

2) 汉语分词性能评估

在对汉语分词性能进行评估时,采用了 3 个常用的评测指标:准确率(P)、召回率(R)、综合指标 F 值(F)。准确率表示在切分的全部词语中,正确的所占的比值。召回率指在所有切分词语中(包括切分的和不应该忽略的),正确切分的词语所占的比值。也就是说,准确率描述系统切分的词语中,正确的占多少。召回率表示应该得到的词语中,系统正确切分出了多少。计算公式如下:

$$P = \frac{准确切分的词语数}{切分出的所有词语数} \tag{6-10}$$

$$R = \frac{准确切分的词语数}{应该切分出的词语数} \tag{6-11}$$

实际评估一个系统时,应同时考虑 P 和 R,但同时要比较两个数值,很难做到一目了然。所以常采用综合两个值进行评价的办法,综合指标 F 值就是其中一种。计算公式如下:

$$F = \frac{(\beta^2 + 1)PR}{(\beta^2 P + R)} \tag{6-12}$$

其中,β 决定对 P 侧重还是对 R 侧重,通常设定为 1、2 或 1/2。本节 β 取值为 1,即对二者一样重视。

6.4.5　实验结果及其分析

1) 不同评测语料上的实验

我们首先分别在 Bakeoff 3 和 Bakeoff 4 两届评测会议的语料集上进行了分词系统的训练和评测,实验中使用了前面提到的 TMPT-10' 特征模板集。表 6-3 给出了 Bakeoff 3 评测中这些语料上封闭测试前三名和本章实验的结果。表 6-4 显示了 Bakeoff 4 评测中相关语料上封闭测试前三名和本章实验的结果。

表6-3 Bakeoff 3 语料封闭测试的实验结果

UPUC 语料评测结果				MSRA 语料评测结果			
前三名及结果	P	R	F	前三名及结果	P	R	F
第一名(MSRA)	0.926	0.940	0.933	第一名(PKU)	0.961	0.964	0.963
第二名(PKU)	0.923	0.936	0.930	第二名(SG)	0.953	0.961	0.957
第三名(NEU)	0.914	0.940	0.927	第三名(Alias)	0.956	0.959	0.957
本章实验结果	0.930	0.941	0.935	本章实验结果	0.964	0.960	0.962

表6-4 Bakeoff 4 语料封闭测试的实验结果

CTB(UC)语料评测结果				NCC 语料评测结果				SXU 语料评测结果			
名次及参赛 ID	P	R	F	名次及参赛 ID	P	R	F	名次及参赛 ID	P	R	F
第一名(ID:2)	0.960	0.958	0.959	第一名(ID:2)	0.941	0.940	0.941	第一名(ID:2)	0.963	0.962	0.962
第二名(ID:26)	0.953	0.954	0.953	第二名(ID:26)	0.932	0.945	0.939	第二名(ID:26)	0.955	0.962	0.959
第三名(ID:31)	0.953	0.951	0.952	第三名(ID:5)	0.937	0.937	0.937	第三名(ID:28)	0.961	0.955	0.958
本章实验结果	0.959	0.957	0.958	本章实验结果	0.942	0.946	0.944	本章实验结果	0.964	0.956	0.960

从表6-3和表6-4可以看出,对基于字的词位标注的汉语分词任务,本章所采用的是基于四词位、使用条件随机场进行词位标注,使用 TMPT-10' 作为特征模板集的分词系统性能稍高于或接近 Bakeoff 评测中的最好成绩。这些表明本章所采用的 TMPT-10' 特征模板集在所有这 5 个单位提供的语料上能够较好地描述真实语料中的特征。

2)不同特征模板集的影响

为了比较不同特征模板集对分词性能的影响,在进行实验时,我们在 Bakeoff 4 的三个简体中文语料集上进行了对比实验,实验中这三个语料全部采用 B、M、E、S 四词位进行标注(预处理),然后分别使用了 TMPT-10、TMPT-10' 两种特征模板集文件进行训练,并观察不同特征模板集对分词性能的影响,结果如表6-5所示。由于 TMPT-6 特征模板集需要配合 6 词位标注集使用,所以实验中未进行比较。从表6-5可以看出,对于使用四词位标注集的,采用条件随机场作为分类标注器,在 Bakeoff 4 的三个评测语料上,采用 TMPT-10' 作为特征模板集训练的条件随机场模型,均比采用 TMPT-10 训练的模型分词性能要好,在

CTB、NCC、SXU 三个语料上的综合指标 F 值分别高出了 0.9%、1.3%、0.2%。实验结果表明，在基于条件随机场的四词位标注中，TMPT-10' 是较 TMPT-10 更合适的特征模板集。

表 6-5　不同特征模板集的分词结果

不同特征模板集	CTB 语料评测结果			NCC 语料评测结果			SXU 语料评测结果		
	P	R	F	P	R	F	P	R	F
TMPT-10'	0.959	0.957	0.958	0.942	0.946	0.944	0.964	0.956	0.960
TMPT-10	0.951	0.946	0.949	0.929	0.933	0.931	0.956	0.960	0.958

6.4.6　基于 CRFs 的词位标注汉语分词系统

词位标注汉语分词技术就是把分词过程看作对字串序列标注词位问题。基于条件随机场实现的词位标注汉语分词系统是采用条件随机场确定汉语字串序列中每个字的词位类别。如果一个汉语字串中每个字的词位都确定了，那么该字串的词语切分也就完成了。基于这样的思想，我们开发了基于条件随机场的词位标注汉语分词系统。

1）词位标注汉语分词思想的实现

图 6-4 是一个使用词位标注分词的例子。可以输入句子"这是安阳。"，我们首先为每个汉字设定三个候选标记"S""B"和"E"，并在头部增加一个开始结点"BOS"，在尾部增加一个结束结点"EOS"。然后计算每个结点上出现的特征，使用特征权重计算从"BOS"到"EOS"的所有路径中概率最大的一条。其中，为了减少计算量，我们采用了一些规则来去除一些不必要的路径。根据标记"S""B"和"E"各自代表的含义，其规则总结为：

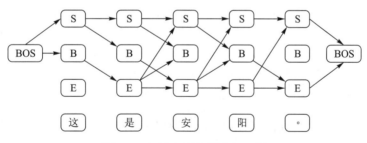

图 6-4　词位标注汉语分词示例

（1）句子第一个汉字的标记不能为 E，最后一个汉字的标记不能为 B。因为标记 B 后面必须有标记且只能为标记 E，而标记 E 前面必须有标记，且标记为 B 或 E。

（2）标记 S 后面不能出现标记 E，只能为 S 或是 B。

（3）标记 B 后面只能为标记 E。

最后根据每个汉字的标记，确定标记结果为"SSBES"，所以分词结果为"这/是/安阳/。"

2）特征模板及其作用

在统计语言模型中，通常是采用特征模板来反映上下文中的特征。特征模板的主要功能是定义上下文中某些特定位置的语言成分或信息与某类待预测事件的关联情况。

习惯上,特征模板可以看作对一组上下文特征按照共同属性进行的抽象。在条件随机场的训练学习中,赖以训练的上下文特征是通过特征模板从样本中扩展而来的,所以设定合适的特征模板集就显得尤为重要。

在具体使用 CRF++0.53 工具包进行词位标注汉语分词的时候,可以根据需要来设定特征模板。例如,样本窗口为"5 字窗口"时,根据模板中出现的字与当前字的字距属性,将常见的字特征抽象为 13 类,对应了 13 个特征模板,表 6-6 给出了这些特征模板及其表征的意义,以及样本为"当/S 希/B 望/M 工/M 程/E"时这些模板扩展出的上下文特征。在 CRFs 模型进行训练的时候,这些特征模板将会扩展出数量不等的特征,并且每个特征都对应一组特征函数,这些特征函数对 CRFs 模型的学习至关重要。

表 6-6 特征模板扩展上下文特征示例

特征模板	模板表征的意义	扩展出的特征
C_{-2}	当前字的前面第二个字	当
C_{-1}	当前字的前一个字	希
C_0	当前字	望
C_1	当前字的后一个字	工
C_2	当前字的后面第二个字	程
$C_{-2}C_{-1}$	当前字的前面两个字组成的字串	当希
$C_{-1}C_0$	当前字前一个字和当前字组成的字串	希望
C_0C_1	当前字及其后一个字组成的字串	望工
C_1C_2	当前字的后面两个字组成的字串	工程
$C_{-1}C_1$	当前字的前一个字和后一个字组成的字串	希工
$C_{-2}C_{-1}C_0$	当前字前两个字和当前字组成的字串	当希望
$C_{-1}C_0C_1$	当前字及其前后各一个字组成的字串	希望工
$C_0C_1C_2$	当前字及其后面两个字组成的字串	望工程

3)词位标注汉语分词中常用的特征模板

在具体使用 CRF++0.53 工具包进行词位标注汉语分词的时候,设定的特征模板有两大类:Unigram(一元)特征模板和 Bigram(二元)特征模板。需要注意的是,这里的"一元""二元"是对特征函数中出现的词位标记个数而言的,而不是对特征中的字个数而言的。从这个意义上讲,这里的"一元""二元"不同于大多数已有文献中的含义。在上一小节给出的可能特征空间下,根据模板中出现的字与当前字的字距属性,将常见的字特征抽象为 13 类,对应了 13 个特征模板,这些特征模板属于 Unigram(一元)特征模板。表 6-7 给出了这些特征模板的所属类型、特征模板及其表征的意义等。在 CRFs 模型进行训练的时候,这些特征模板将会扩展出数量不等的特征,并且每个特征都对应一组特征函数,这些特征函数对 CRFs 模型的学习至关重要。从表 6-7 可以看到,Bigram(二元)特征模板仅仅包含一个特征模板:$T_{-1}T_0$,该模板用于表征上下文中相邻两个字的词位转移特征 $s_{t-1} \rightarrow s_t$。训练中该模板扩展出的特征是有限的,在四词位标注汉语分词中可以扩展出 16 个(词位转移)特征。

表 6-7　特征模板列表

模板类型	特征模板	模板表征的意义
Unigram(一元)	C_{-2}	当前字的前面第二个字
	C_{-1}	当前字的前一个字
	C_0	当前字
	C_1	当前字的后一个字
	C_2	当前字的后面第二个字
	$C_{-2}C_{-1}$	当前字的前面两个字组成的字串
	$C_{-1}C_0$	当前字前一个字和当前字组成的字串
	C_0C_1	当前字及其后一个字组成的字串
	C_1C_2	当前字的后面两个字组成的字串
	$C_{-1}C_1$	当前字的前一个字和后一个字组成的字串
	$C_{-2}C_{-1}C_0$	当前字前两个字和当前字组成的字串
	$C_{-1}C_0C_1$	当前字及其前后各一个字组成的字串
	$C_0C_1C_2$	当前字及其后面两个字组成的字串
Bigram(二元)	$T_{-1}T_0$	相邻两个字的词位转移特征

　　为了对词位标注汉语分词中的特征模板有个"量"的认识,系统从多个角度进行定量分析并设计了相关实验。表 6-8 列出了实验中用到的几组特征模板集(部分)。其中,TMPT-10 是在相关工作中最常用的一组特征模板,TMPT-10'是本书作者在前期工作中用到的一组特征模板,TMPT-6 是一些专家学者的研究中使用的特征模板,它是配合 6 词位标注集使用的。后缀"Single"和"Double"分别表示相应特征模板集中的单字或双字特征模板。例如,T10-Single 是指 TMPT-10 中单字特征模板。后缀"Above"和"Below"分别表示相应特征模板集中刻画上文或下文的特征模板。例如,T6-Above 是指 TMPT-6 中刻画上文(当前字及其前一个字)构成的特征模板。另外,所有的特征模板集都可以包括词位转移特征模板 $T_{-1}T_0$,由于在特征模板的表示文件中对应的特征模板是 B,所以,相应的特征模板集名称用"+B"表示。

表 6-8　特征模板集列表

序号	特征模板集名称	包含的特征模板
1	TMPT-10(+B)	$C_{-2},C_{-1},C_0,C_1,C_2,C_{-2}C_{-1},C_{-1}C_0,C_0C_1,C_1C_2,C_{-1}C_1(\,,T_{-1}T_0)$
2	TMPT-10'(+B)	$C_{-2},C_{-1},C_0,C_1,C_2,\,C_{-1}C_0,C_0C_1,C_{-2}C_{-1}C_0,C_0C_1C_2,C_{-1}C_0C_1(\,,T_{-1}T_0)$
3	TMPT-6(+B)	$C_{-1},C_0,C_1,C_{-1}C_0,C_0C_1,C_{-1}C_1(\,,T_{-1}T_0)$
4	T10-Single(+B)	$C_{-2},C_{-1},C_0,C_1,C_2(\,,T_{-1}T_0)$
5	T10-Double(+B)	$C_{-2}C_{-1},C_{-1}C_0,C_0C_1,C_1C_2,C_{-1}C_1(\,,T_{-1}T_0)$
6	T6-Single(+B)	$C_{-1},C_0,C_1(\,,T_{-1}T_0)$
7	T6-Double(+B)	$C_{-1}C_0,C_0C_1,C_{-1}C_1(\,,T_{-1}T_0)$
8	TMPT-5	$C_{-1},C_0,C_1,C_{-1}C_0,C_0C_1$
9	TMPT-U00	C_0
10	T10-Above	$C_{-2},C_{-1},C_0,C_{-2}C_{-1},C_{-1}C_0$
11	T10-Below	$C_0,C_1,C_2,C_0C_1,C_1C_2$
12	T6-Above	$C_{-1},C_0,C_{-1}C_0$
13	T6-Below	C_0,C_1,C_0C_1

在具体使用 CRF++0.53 工具包进行词位标注汉语分词的时候,表 6-8 中序号 1、2、3 对应的 TMPT-10、TMPT-10'、TMPT-6 三组特征模板集在工具包中的形式分别如图 6-5、图 6-6、图 6-7 所示。我们做实验时用到的特征模板集远比表 6-8 列出的多,附录 2 列出了用到的大部分特征模板集。

```
# Unigram
U00:%x[-2,0]
U01:%x[-1,0]
U02:%x[0,0]
U03:%x[1,0]
U04:%x[2,0]
U05:%x[-2,0]/%x[-1,0]
U06:%x[-1,0]/%x[0,0]
U07:%x[0,0]/%x[1,0]
U08:%x[1,0]/%x[2,0]
U09:%x[-1,0]/%x[1,0]
```

图 6-5　TMPT-10 特征模板集在工具包中的形式

```
# Unigram
U00:%x[-2,0]
U01:%x[-1,0]
U02:%x[0,0]
U03:%x[1,0]
U04:%x[2,0]
U05:%x[-2,0]/%x[-1,0]/%x[0,0]
U06:%x[-1,0]/%x[0,0]/%x[1,0]
U07:%x[0,0]/%x[1,0]/%x[2,0]
U08:%x[-1,0]/%x[0,0]
U09:%x[0,0]/%x[1,0]

# Bigram
B
```

图 6-6　TMPT-10'特征模板集在工具包中的形式

```
# Unigram
U00:%x[-1,0]
U01:%x[0,0]
U02:%x[1,0]
U03:%x[-1,0]/%x[0,0]
U04:%x[0,0]/%x[1,0]
U05:%x[-1,0]/%x[1,0]
```

图 6-7　TMPT-6 特征模板集在工具包中的形式

4）基于 CRFs 的词位标注汉语分词系统流程

为了便于构建条件随机场模型,首先必须使用一个语料预处理的过程,将原始语料转换成标准的形式。这里使用的标准语料形式规定,语料库中每行只包含一个字,与这个字相关的信息通过制表符分隔,依次标在字的后面。其次再进行预处理和特征提取,使之生成条件随机场模型工具所能识别的训练语料和测试语料,其格式为:每行包含一个字以及与字相关的一些特征和标记,字与特征之间、特征与特征之间和特征与标记之间都用制表符隔开。然后对训练语料进行训练,生成一个条件随机场模型,训练过程中加入了一些如迭代次数等的训练参数。利用训练所生成的条件随机场模型对测试语料进行测试,获得一个预测结果。最后利用评测程序,对预测结果进行评测,得到评测结果。

基于条件随机场的词位标注汉语分词系统的流程图如图 6-8 所示。

5）基于 CRFs 的词位标注汉语分词系统

该系统基于 VC6.0 平台的 C++语言,该语言语法简洁、支持面向对象设计,并提供完善的安全性与错误处理机理,同时具备良好的灵活性与兼容性。因此,分词系统效率较高,且程序源代码具有较好的移植性。应用所开发的分词系统对标准语料进行预处理、训练和测试。图 6-9 是该系统训练的图示。

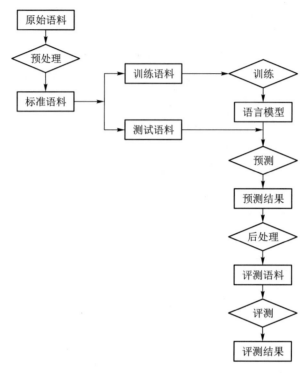

图 6-8 基于条件随机场的词位标注汉语分词系统流程图

图 6-9 系统训练图示

系统测试如图 6-10 所示。

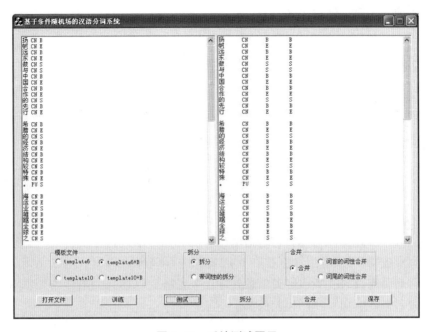

图 6-10　系统测试图示

目前,CRFs 的参数训练和特征选择归纳还存在速度慢的问题,今后将进一步研究能够提升参数估计和特征选择归纳速度的算法,并进一步定量研究不同特征模板的作用。

6.5　基于条件随机场的中文命名实体识别

命名实体是文本中的重要元素,是正确理解文本的基础。在文本中,人名、地名和组织机构名是基本的命名实体。只要获取了这些信息,对文本就会有一定程度的理解。命名实体识别是自然语言处理的一项基本技术,汉语命名实体的自动识别对于让计算机理解中文信息有重要意义。本节基于字标注的方法和条件随机场工具包来实现中文命名实体识别,以完成自动识别中文文本中的人名、地名、机构名的任务,并设计实现了基于 CRFs 的中文命名实体识别系统,该系统对汉语命名实体中的人名、地名识别率在 92% 以上,对中文组织机构名的识别率在 83% 以上,达到了较理想的效果。

6.5.1　研究意义

在互联网日益发展的今天,中文信息也呈爆炸式增长。如何让计算机更好地理解中文信息,帮助人们处理日益烦琐的事务成为当务之急。而让计算机理解中文信息的前提是计算机能正确识别出中文命名实体。命名实体是自然语言中基本的信息单位,是正确理解自然语言的基础。但互联网上的海量信息是不能直接利用的,需要通过一些自动化的工具从中抽取出所关心的具体信息才能加以利用。信息抽取就是这一自动化工具,能从非结构化的文本中抽取指定的某一类信息,并将其形成结构化数据。信息抽取的主要任务是识别命名实体和确定语义关系。

在文本中,命名实体是信息的主要载体,用来表达文本的主要内容。命名实体作为一篇文章的基本信息单元,往往包含了主要内容,在不详细阅读全文的情况下,进行命名实体识别是了解一篇文章最简单、快捷的方法。命名实体识别的任务,从狭义上讲,可以是识别出文本中的人名、地名、组织机构名。命名实体识别是自然语言处理的基础,是许多信息处理技术的核心。命名实体识别的效果直接影响以下研究领域的表现:

1) 信息抽取(information extraction)

命名实体是文本信息的主要载体,是构建信息抽取系统的重要组成部分。因此,命名实体识别是信息抽取的基础,它可以为模板关系任务和脚本模板任务提供很好的支持。

2) 摘要抽取

摘要抽取,又称为自动文摘,它是指由计算机对摘要源进行分析,从中选择反映文章主题的内容形成摘要,或者由计算机在对摘要源进行理解的基础上生成无冗余的、形式上和意义上前后连贯的摘要。这类信息处理任务也需要以词或词语作为处理对象,因此也离不开命名实体识别等分词相关技术。

3) 信息检索

在目前海量信息的情况下,信息检索过程对于准确率和相关度的要求高于召回率,而提高准确率和相关度的一条重要途径就是以短语为索引词。索引词的知识粒度越大,确定性越强,得到的结果歧义性越小。命名实体识别可以提高系统检索文档的相关度,并提高检索系统的召回率和准确率。

4) 机器翻译

在机器翻译系统中,机构名、地名和人名等实体由于只能和词语对齐,因此常会使翻译结果不易理解,甚至出现错误。引入命名实体识别之后,机器翻译的英汉对齐达到短语级别,从而使翻译的语句更通顺、更准确,减少错误。

5) 问答系统

在开放问答系统中,常常需要回答某个机构、地点等具体问题,预先穷举用户可能提出的各种问题是不现实的。而将命名实体识别的技术应用于其上,可以对文本中的上述信息做出更准确的分析,使问答系统给出更准确、更简洁的短语级的答案。

6.5.2 命名实体识别研究概述

命名实体识别是一项很有实用价值的中文信息处理技术,然而正确识别出所有的命名实体对任何语言来说都不是一项十分容易的工作。这里将分别从命名实体识别存在的难点、命名实体的特点、命名实体识别研究现状等几个方面,对命名实体识别,特别是中文命名实体识别的相关内容做一个整体的介绍。

6.5.2.1 中文命名实体识别难点

在中文信息处理中,由于中文语言的内在特点,使得中文命名实体识别任务既有一般命名实体识别的普遍性质,又具有中文特色,这给中文命名实体识别带来困难。

对于中文命名实体识别的难点总结如下：

（1）命名实体是一个开放的类，数量庞大，难以完成列举。以人名为例，世界上有几十亿的人名，用列表或词典的方法全部列举出来相当困难。相对于人名而言，地名、组织机构名的用词和用字更为复杂。

（2）命名实体并非一个稳定的类，随着时间推移，不断有新的命名实体产生。公司名称、产品名称等的命名实体每天都可能新增或更替，地名也可能随行政区域调整等因素发生相应的变化。

（3）命名实体没有共同遵守的统一的命名规范。尤其是人名，其命名完全根据个人或文化习俗决定。

（4）通常汉语命名实体的识别是基于分词进行的，分词的错误在命名实体识别过程中无法得到纠正，导致错误蔓延。

（5）中文命名实体识别的歧义问题。根据歧义的不同，命名实体歧义分为分词歧义和分类歧义。分词歧义指的是根据命名实体分界的不同，可能有不同的结果。比如："孙家正在吃饭"，可以分成"孙家/正在/吃饭"，也可以分成"孙家正/在吃饭"。如果是前一种结果，那么"孙家"就是一个组织机构名，如果是后一种的话，"孙家正"就是一个人名。没有其他相关信息，命名实体的识别系统很难判断它的类型。分类歧义指的是在命名实体识别过程中，由于命名实体具有多种可能的解释或归类而导致的识别歧义。

这些表明命名实体识别是一项很困难的任务，研究仍处于探索阶段。命名实体识别是目前自然语言处理中研究的难点，其主要任务是识别人名、地名、组织机构名、数量词、时间词、货币等各种实体，其中，人名、地名、组织机构名是汉语命名实体的研究重点。命名实体是信息提取工作中非常重要并且必不可少的关键技术，时至今日已经发展成一个独立的研究分支。

6.5.2.2　中文命名实体的特点

下面简单介绍人名、地名、组织机构名三类命名实体的结构特点和相关的语言学知识。

1）人名

中国人名一般由姓氏和名字两部分构成。从已知的姓氏统计资料看，我国各省（自治区、直辖市）所使用的姓氏都在 1000 个以上，但这些姓氏的使用频率和拥有的人口数量存在显著差异。据一些专家对我国人口普查抽样资料的分析研究，全国 87% 的人口基本只使用 100 个姓氏，99% 的人口使用 500 个姓氏。这个统计结果在一定程度上反映了我国目前姓氏使用的实际情况。现代人姓氏可分为三类：①单姓，如张、王、李、赵。②复姓，如欧阳、令狐。③双姓复合形式，如陈冯、范徐。在这三类姓氏中，单姓占了绝对多数，其他两类都很少。中国人名中名字用字相对姓氏用字更为广泛，具有很大的随意性。

对中国人名进行识别的难点在于：

（1）中国人名构成形式多样，主要可分成两大类：

①完整形式。即"姓氏+名字"结构，这又可分为单名和双名两类。

②非完整形式。有"前缀+姓氏"结构，如小王；"姓氏+后缀"结构，如王总；"姓氏+称谓词"结构，如王老师；"有姓无名"结构，如李从王处拿到了作业；"有名无姓"结构，如小平同志。

（2）人名内部可能成词。即姓氏与名字或名字与名字之间构成一个基于条件随机场的汉语命名实体识别中的已登录词,如王国维。

2)地名

与人名相比,地名的数量相对要少且比较稳定,当然随着经济和社会的发展,也不断有新的地名出现。地名主要有以下特点:

(1)用字比较自由、分散,同时又有相对集中的覆盖能力。

(2)结尾经常有地名特征词出现,如"省""市""路",这对识别地名起到一定的提示作用,特别是有助于确定地名的右边界。但地名特征词出现的情况比较复杂,既可以作为普通词出现,又可以出现在地名的其他位置。

(3)长度没有严格限制,短的如"京",长的如"双江拉祜族佤族布朗族傣族自治县"。

(4)地名中可含有多字词或命名实体词,如"和平路""解放路"。

(5)与人名周围经常出现称谓词、动词等提示信息相比,地名周围缺乏丰富、有效的启发信息。

3)组织机构名

组织机构泛指机关、团体或其他企事业单位,包括学校、公司、医院、研究所等。组织机构名的数目庞大且很不稳定,随着社会的发展,新的组织机构名不断涌现,旧的组织机构名不断被淘汰、改组或更改。因此,组织机构名的识别是命名实体识别任务中最困难的一部分。在很多命名实体识别评测任务中,组织机构名的识别效果和人名、地名等相比得分是最低的。

组织机构名的特点如下:

(1)大部分组织机构名的结构是"W+G",其中"W"代表词,"W+"代表"W"出现一次或多次,"G"是指后缀特征词,即组织名是由一个或一个以上的词加上特征词如大学、公司、医院等构成的。因此,组织名可以看成是一种偏正式的复合名词。

(2)组织机构名的用字和用词具有很大的随意性,通过对 1998 年 1 月份《人民日报》中的 10817 个组织名所包含的词语进行统计分析可知,共包括了 27 种词性,其中名词最多,为 9941 个,地名其次,为 5023 个,以下依次为简称、专有名词、动词等。例如,"软件研究所"中的"软件"为名词,"北京大学"中的"北京"为地名,"山东鲁能泰山足球俱乐部"中的"山东""泰山"为地名,"鲁能"为专有名词,"足球"为名词。

(3)由于很多组织机构名内部含有人名、地名等其他专有名词,所以这类组织机构名的识别在人名、地名等其他命名实体识别之后进行会更加合适,其他类型的命名实体识别的正确率对组织名的识别效果也有较大的影响。

(4)组织机构名的长度具有不确定性,从三四个字到十几个甚至几十个字不等。

6.5.2.3 中文命名实体识别研究现状

目前,对命名实体识别的研究已经相当深入,在 MUC7 评测中,英文命名实体识别的精度可以达到90%以上,而中文命名实体识别的精度低于90%。对于中文命名实体识别,国内外已开展多项研究。其中,对人名的研究比较深入,主要解决方案大致可分为:基于规则的方法、基于统计的方法和规则与统计相结合的方法。基于规则的方法主要是,当程序扫描到有明显特征的姓名信息(姓氏用字分类和限制性成分)时,将触发识别过程并采集相关成分限制姓名的前后位置。在小规模测试中,该方法准确率可达97%。

基于统计的识别方法是通过大规模标注语料库,训练某个字作为姓名的组成概率,并用这些概率计算某个字段是姓名的概率值,如果大于某一阈值则认为该字段为人名。

现有人名识别解决方案本身存在一些固有的不足:第一,它们一般都采取"单点(首或尾)激活"的机理来触发人名识别。即扫描到姓氏用字、职衔、称呼等具有明显姓名特征的字段时,才会将前后的几个字列为候选姓名字段进行人名识别,这样往往会遗漏那些不具备明显特征的姓名。第二,人名识别所用的规则琐碎、代价昂贵而且难以扩展。无论是收集规模巨大的人名库与真实语料库,还是提炼识别规则,都是一个费时费力的浩大工程,一般研究机构是难以承担的。

对地名的主要研究有:沈达阳等采用统计模型,利用属性矩阵和频级进行筛选,得到了较高的召回率。刘开瑛等采用语料库统计方法,统计地名词典中的地名用字和这些字在真实文本中的使用频度来识别地名,并取得了较好的效果。TAN 等提出了基于转换的地名识别方法,得到了上下文相关规则后,再对规则进行进一步筛选,提高了地名识别的准确率。黄德根等依据地名特征词,提出了地名构词可信度和地名连续可信度概念,不仅利用了地名用词频度信息,还利用从大量真实文本中统计出来的地名与其上下文之间的连续频度,较好地解决了召回率和精确率之间相互冲突的问题。

中文组织机构名称形式上存在一定的规律,多以"公司""集团""组织""所""部"等词结尾,王宁等在对金融机构名称的识别中采用了基于这些形式的规则。但仅仅依据这些规则仍有很大的局限性。首先,中文机构种类繁多,各类机构都有自己独特的命名方式,名称中包含大量的未登录词。其次,机构名的长度不固定,有些机构名称多达几十个字,增大了机构名称边界识别的难度。最后,大部分机构名都有简称,简称识别更增大了机构名识别的难度。因此,只通过规则的方法进行机构名识别,虽然在封闭测试中能达到90%以上的准确率,但开放测试中只能达到60%左右的准确率。另外,规则的编写需要大量的人工,不适宜跨领域推广。

YU 等提出了基于角色标注的汉语组织机构名识别,利用中文组织机构名构成的角色表及其相关统计信息,对句子中的不同成分进行角色标注,在角色序列的基础上进行字符串匹配,从而识别出中文组织机构名。利用统计学方法,减少了编制规则所需的人工,但角色的确定还需要人为参与,并且需要不断地调试、修改才能达到较好的效果。郑家恒等提出了基于 HMM 的中文组织机构名识别,采用隐马尔可夫模型的状态遍历识别机构名,达到了一定的识别精度。但隐马尔可夫模型训练需要大量的训练集,增大了人工标注语料的工作量,同时,对于一些小概率稀疏事件,系统没能很好地解决。

中文命名实体识别较好的系统有:台湾大学开发的 NTU 系统和新加坡肯特岗数字实验室开发的 KRDL 系统。

KRDL 系统的基本想法是,把命名实体识别问题抽象为标注问题,利用大约 500000 个词的标记语料训练一个基于词性的语言模型,在训练之前进行了一定的预处理,把名词细分为与特定任务相关的更小的名词类。消除歧义模块采用 Viterbi 搜索。此系统在 MET-2 的测试中取得了较好的成绩。

NTU 系统采用了规则和统计相结合的方法。中国人名、外国人名识别采用了一些特殊的策略和统计信息,地名和组织机构名的识别采用了规则匹配的方法,其中地名规则的例子如下：

LocationName→ Person Name　　LocationNameKeyWord

LocationName→ LocationName　　LocationNameKeyWord

组织机构名规则的例子如下：

OrganizationName→ OrganizationName OrganizationNameKeyword

OrganizationName→ CountryName{D|DD} OrganizationNameKeyword

其中 D 表示一个内容词。

NTU 系统在中国人名的识别方面的工作做得较为细致。首先把中国人名分为男性名字和女性名字两大类，分别进行训练，从而刻画这两者构成规律的不同。然后再依据姓氏构成的不同，将每一类细分为 3 类：单字姓氏、双字姓氏、两个姓氏相连(如"蒋宋")。其人名训练语料包含 1000000 个人名，并且按照上述标准分类得到不同语料库，从相应的语料库中统计每一种情况的构成规律和阈值。在人名的识别过程中，计算字符序列 $C_1C_2C_3$ 作为人名的概率大小 $P(C_1C_2C_3)=P(C1)*P(C2)*P(C3)$，如果其概率大于相应的阈值，就作为人名。同时，当该字符串的上下文中出现称谓词(如"总统""主任"等)和特殊动词(如"说""提出"等)时，可以提高其概率大小。

对于外国人名识别，NTU 系统主要利用两个字符集合来确定其左右边界，这两个集合分别是外国人名首字集合(280 个字)、外国人名用字集合(411 个字)。当然，在外国人名识别过程中，也利用其他一些信息，例如人名称谓词、人名引入动词(如"叫""名叫"等)、特殊的行为动词(如"说""提出"等)等。

NTU 系统在识别过程中，第一步是分词处理，分词中的歧义通过一些切分策略来解决；第二步是把分词结果作为识别模块的输入，通过模式匹配或一些统计信息来识别命名实体。

6.5.3　命名实体识别评价指标

在对中文命名实体识别进行评估时，采用了 3 个常用的评测指标：准确率(P)、召回率(R)、综合指标 F 值(F)。准确率表示在识别的全部命名实体中，正确的所占的比值。召回率指正确识别的命名实体占标准答案中的比值。也就是说，准确率描述系统识别的命名实体中，正确的占多少。召回率表示应该得到识别的命名实体中，系统正确识别出了多少。计算公式如下：

$$P=\frac{正确识别的命名实体数}{文档中所有命名实体数} \tag{6-13}$$

$$R=\frac{正确识别的命名实体数}{文档中所有命名实体数} \tag{6-14}$$

实际评估一个系统时，应同时考虑 P 和 R，但要同时比较两个数值，很难做到一目了然。所以常采用综合两个值进行评价的办法，综合指标 F 值就是其中一种。计算公式如下：

$$F=\frac{(\beta^2+1)PR}{(\beta^2P+R)} \tag{6-15}$$

其中，β 决定对 P 侧重还是对 R 侧重，通常设定为 1、2 或 1/2。这里 β 取值为 1，即对二者重视程度一样。

6.5.4 基于条件随机场的中文命名实体识别

条件随机场的训练和测试使用了工具包 CRF++0.53。我们首先需要通过使用训练语料和选取特征模板去训练出一个语言模型,然后测试语料,通过评测工具查看评测结果,最后修正。这个循环过程一直持续到有一个良好的识别效果为止。

使用的训练语料来自北京大学语言学中心公布的标注语料,该标注语料采用了北京大学的词性标注集,所有人名、地名、组织机构名都被显式地标注出来。由于输入的是经过粗分词的句子,因此对语料的转换不需要很小的粒度。

由于实体的随意性,所以利用特征模板来选择合适的特征进行识别就是极其关键的因素,一个好的特征模板也是识别的关键。命名实体所具有的上下文语言环境对于提高命名实体识别的效果能起到很大的作用,并且 CRF++0.53 也可以很容易地将上下文的特征加入模板中。

特征选取的行是相对的,列是绝对的,一般选取相对行前后 m 行,选取 $n-1$ 列(假设语料总共有 n 列),特征表示方法为:%x,行列的初始位置都为 0。例如:

“ N
北 B-LOC
京 I-LOC
市 I-LOC
首 N

假设当前行为“京”字这一行,那么特征可以如表 6-9 所示的选取。

表 6-9 特征模板选取例子

特征模板	意义	代表特征
%x[-2,0]	-2 行,0 列	“
%x[-1,0]	-1 行,0 列	北
%x[0,0]	0 行,0 列	京
%x[1,0]	1 行,0 列	市
%x[2,0]	2 行,0 列	首
%x[-2,1]	-2 行,1 列	N
%x[-1,1]	-1 行,1 列	B-LOC
%x[0,1]	0 行,1 列	I-LOC
%x[1,1]	1 行,1 列	I-LOC
%x[2,1]	2 行,1 列	N
%x[-1,0]/%x[0,0]	-1 行 0 列与 0 行 0 列的组合	北/京
%x[0,0]/%x[1,0]	0 行 0 列与 1 行 0 列的组合	京/市
%x[-2,1]/%x[-1,1]	-2 行 1 列与-1 行 1 列的组合	市/首

续表 6-9

特征模板	意义	代表特征
%x[-1,1]/%x[0,1]	-1 行 1 列与 0 行 1 列的组合	B-LOC/I-LOC
%x[0,1]/%x[1,1]	0 行 1 列与 1 行 1 列的组合	I-LOC/I-LOC
%x[1,1]/%x[2,1]	1 行 1 列与 2 行 1 列的组合	I-LOC/N

考虑到命名实体识别的复杂性,尤其是包含机构名的识别,所以取前后和自身字的一元特征和二元共现特征。本次实验取前后字特征的窗口大小为 2,选取模板如下:

Unigram

U02:%x[-2,0]

U03:%x[-1,0]

U04:%x[0,0]

U05:%x[1,0]

U06:%x[2,0]

U08:%x[-2,0]/%x[-1,0]

U09:%x[-1,0]/%x[0,0]

U10:%x[0,0]/%x[1,0]

Bigram

B

6.5.5 中文命名实体识别系统设计与实现

1) 中文命名实体识别系统设计

该系统在 Windows 操作系统中用 VC++6.0 编译器,首先建立 MFC 应用程序,如图 6-11 所示。

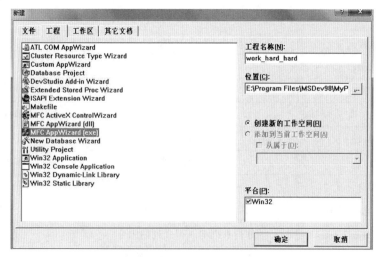

图 6-11 建立 MFC 应用程序

建立的系统界面如图 6-12 所示。

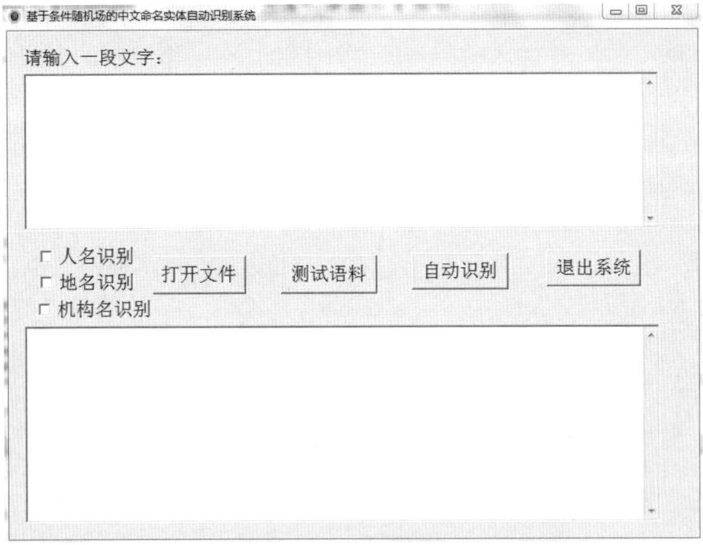

图 6-12　汉语命名实体识别系统界面

现在主要对"打开文件""测试语料""自动识别""退出系统"等 4 个按钮和一个输入框、一个输出框、三个复选框进行编码。

2) 中文命名实体识别系统实现

"打开文件"按钮的 ID 取 IDC_openfile，双击按钮进入代码编辑，写入以下代码：

```
TCHAR szFilters[] = _T("文本文件(*.txt)|*.txt|所有文件(*.*)|*.*");

CFileDialog  OpenDlg(TRUE, _T("txt"), _T(""), OFN_FILEMUSTEXIST | OFN_HIDEREADON-
LY, szFilters);        //打开对话框
UpdateData(true);
CString fileName;                //定义要打开的文件名字字符串
CStdioFile File;
if(OpenDlg.DoModal() = = IDOK)        //如果选中文件
{       fileName = OpenDlg.GetFileName();        //获取文件路径
        File.Open(fileName, CFile::typeText | CFile::modeRead);
        CString FileData, Result;
        while(File.ReadString(FileData))        //读取文件
        {
                Result+= FileData +" \r\n";
        }
        UpdateData(false);
        File.Close();
        m_input1.SetWindowText(Result);        //把文件内容写入输入框
}
```

接下来对"自动识别"按钮进行编码。这里主要实现对输入文本的处理及使输出结果清晰。

首先,处理输入文本,把输入的待测试语料变为一行一个汉字的形式保存在 input.txt 文件中,代码段为:

```
CString str;
m_input1.GetWindowText(str);                //得到输入框中的内容和字符长度
int len1=m_input1.GetWindowTextLength ();
for(int i=0;i<len1;)        //分词,成为一行一个汉字的形式,保存在 input.txt 中
if((str>='A'&&str<='Z')||(str>='a'&&str<='z'))   //检测输入的是否是字符
{
    fprintf(fpin,"%c\n",str);
    i++;
}
else
{
    fprintf(fpin,"%c%c\n",str,str);   //输入的为汉字时,这样保存
    i+=2;
}
```

其次,调用 crf_test.exe 程序和训练好的模型文件,去标注待测试语料。这里要在 MFC 程序中调用 DOC 控制台程序,我们用 DOC 命令写入批处理文件,然后用 WinExec( ) 函数调用批处理即可。

再次,识别和处理标注好的待测试语料。我们依次读取标注特征,分辨出哪些是人名,用标志位 1 标识;哪些是机构名,用标志位 2 标识;哪些是地名,用标志位 3 标识;普通字符则用标志位 0 标识。代码如下:

```
int len2,i=0;
if(len1%2==0)
    len2=len1/2;                    //定义所需要的标志数组大小
else
    len2=len1/2+1;
                        //切词模块:
char ch;
int * bz=new int;
while(i<len2)
{                           //初始化标志数组
    bz=0;
    i++;
}
int k=0;
```

```
int j=1;

ch=fgetc(fpout);
while(ch! =EOF)                        //循环读取文件,直至文件末尾
{
    i=0;
    ch=fgetc(fpout);

    if(j= =1)                          //判断标志的是汉字还是普通字符
        while(i<2)
        {
            ch=fgetc(fpout);
            i++;
        }
    else
    while(i<1)
    {
        ch=fgetc(fpout);
        i++;
    }

    i=0;
    j=1;
    if(ch= =' B' ||ch= =' I' )         //判断是否读到要判别的特殊汉字
    {
        ch=fgetc(fpout);
        ch=fgetc(fpout);

        if(ch= =' P' )
            bz=1;                      //人名标志位
        else if(ch= =' O' )
            bz=2;                      //机构名标志位
        else if(ch= =' L' )
            bz=3;                      //地名标志位
        ch=fgetc(fpout);
        ch=fgetc(fpout);
    }
    else    if(ch= =' N' )             //普通字符标志位
        bz=0;
    ch=fgetc(fpout);
    ch=fgetc(fpout);
```

```
    if((ch>='A'&&ch<='Z')||(ch>='a'&&ch<='z'))           //区分是汉字还是普通
字符
    j=0;
    k++;
    }
```

最后,就是准确输出结果。我们在要识别的命名实体后加入特殊标志,比如命名实体是人名,则在人名前加入空格,人名后加入"【人名】"标志。这里只给出全部识别命名实体的关键代码,也就是识别出人名、地名、组织机构名。

```
int i=0,k=0;
while(k<len2)                       //输出标注好的语料到 output1.txt 文件中
{
    if(bz==0)
        fprintf(fpout1,"%c%c",str,str);
    else if(bz==1)                          //人名输出
        {
        fprintf(fpout1,"  %c%c",str,str);
        while(bz==1)
            {
                fprintf(fpout1,"%c%c",str,str);
                i+=2;
                k++;
            }
        fprintf(fpout1,"【人名】  ");
        }
    else if(bz==2)                          //机构名输出
        {
        fprintf(fpout1,"  %c%c",str,str);
        while(bz==2)
            {
        fprintf(fpout1,"%c%c",str,str);
        i+=2;
            k++;
            }
        fprintf(fpout1,"【机构名】");
        }
    else if(bz==3)                          //地名输出
        {
        fprintf(fpout1,"  %c%c",str,str);
        while(bz==3)
            {
                fprintf(fpout1,"%c%c",str,str);
                i+=2;
```

```
        k++;
    }
    fprintf( fpout1 ,"【地名】" );
}
i+=2;
k++;
}
```

　　开发的中文命名实体识别系统运行效果如图 6-13 和图 6-14 所示,其中图 6-14 是只进行机构名识别的运行效果图。

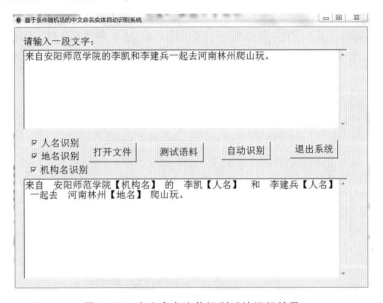

图 6-13　中文命名实体识别系统运行效果

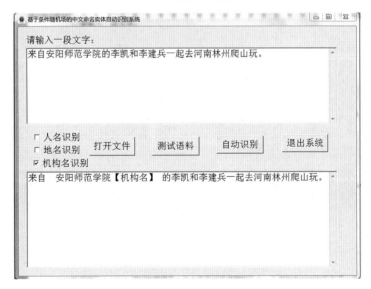

图 6-14　系统只进行机构名识别的运行效果

从图 6-13 和图 6-14 可以看到,系统准确地识别出了地名"河南安阳",人名"李凯"和"李建兵",机构名"安阳师范学院"。当选择不同识别内容要求时,所显示的结果是我们想要的结果,这是让人满意的。

6.6　小结

条件随机场是一种以给定的输入序列为条件来预测输出序列概率的无向图模型。用于模拟序列数据标注的 CRFs 是一个简单的链图或线图,它是一种最简单也最重要的 CRFs,称为线链 CRFs。本章首先简要介绍了什么是概率图模型,对两种不同的概率图模型——有向图模型和无向图模型进行了介绍,然后给出了条件随机场的相关概念、一般形式等,接着给出了条件随机场的参数估计方法,最后以两个实践为例详细论述了条件随机场的应用。

7

神经网络与自然语言处理

基于传统机器学习的自然语言处理需要人工定义和特征提取,存在特征稀疏、模型复杂和系统较难移植泛化的问题。而深度神经网络具有自动学习特征,避免了烦琐的人工参与的特征工程,近年来逐渐被应用到自然语言处理的各项任务中,并取得了很好的效果。感知器是最简单的神经网络,可以用于分类任务。多层感知器(multi-layer perceptron,MLP)由感知器发展而来,其结构更为复杂,可以模拟更复杂的问题,基于多层感知器实现分类问题能取得更好的性能。

7.1 人工神经网络概述

人工神经网络(artificial neural network,ANN)是在现代神经科学研究成果的基础上提出的一种抽象的数学模型,它以某种简化、抽象和模拟等方式,反映大脑功能的若干基本特征,一般简称神经网络。一个神经网络的特性和功能取决于三个要素:构成神经网络的基本单元——神经元;神经元之间的连接方式——神经网络的拓扑结构;用于神经网络学习和训练,修正神经元之间的连接权值和阈值的学习规则。

7.1.1 生物神经元

神经网络(neural network,NN)是一种模拟人的神经系统,以期望能够实现人类智能的机器学习技术。人体神经元以细胞体为主体,是由许多向周围延伸的不规则树枝状纤维构成的神经细胞,其形状如图7-1所示,主要由细胞体、树突、轴突和突触(synapse,又称神经键)构成。神经网络中基本组成单元为神经元(neuron)模型,它是对人体神经元功能的模拟。神经元模型通常由三部分组成,即模型的输入、输出及输入输出中间的计算功能,图7-2是神经元模型结构示意图。

7.1.2 感知器模型

感知器模型本质上模拟了单个神经元的工作原理。20世纪50年代的感知器(perceptron)是纯粹用硬件实现的机器学习。当时用了400个光学传感器,以及电动机、滑动电阻和控制电路等来制造感知器,它学会辨识猫、狗和鱼等的简单图像。这个感知器相当于神经网络中的一个神经元,是最简单的神经网络,由美国计算机科学家罗森布拉特

（Rosenblatt）于1957年提出，图7-3是罗森布拉特（右）和合作伙伴调试感知器的照片。

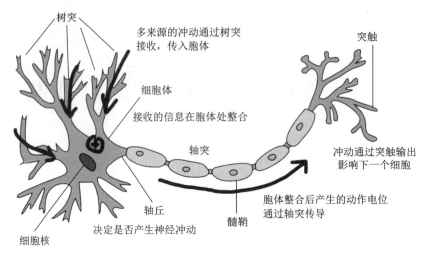

图7-1　人体神经细胞结构图

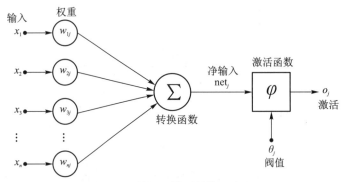

图7-2　神经元模型结构示意图

图7-3　罗森布拉特（右）和合作伙伴调试感知器

　　感知器是对生物神经元的简单数学模拟。神经元虽然形态与功能多种多样,但从结构上大致可分为细胞体和细胞突起两部分。细胞体中的神经细胞膜上有各种受体和离子通道,细胞膜的受体可与相应的化学物质神经递质结合,引起离子通透性及膜内外电位差发生改变,产生相应的生理活动——兴奋和抑制。细胞突起则是细胞体延伸出来的细长部分,可分为树突和轴突。每个神经元可以有一个或多个树突,树突接收刺激并将兴奋传入细胞体。而轴突每个神经元只有一个,用于将自身的兴奋传递到另一个神经元或其他组织。单个神经元可以视为一个只有两个状态的机器——兴奋和抑制。当神经元从其他细胞收到的输入信号总量超过某个阈值时,细胞体就会兴奋,产生电脉冲,沿着轴突传递到其他神经元。图 7-4 是罗森布拉特提出的感知器模型示意图。

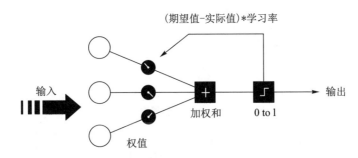

图 7-4　罗森布拉特提出的感知器模型示意图

　　感知器是模拟生物神经元行为的机器,有与生物神经元相对应的部件,如权值(突触)、偏置(阈值)和激活函数(细胞体),输出也为 0 和 1。感知器的计算公式如下所示:

$$y = \begin{cases} 1, & \boldsymbol{W}^{\mathrm{T}}\boldsymbol{X}+\boldsymbol{b}>0 \\ 0, & \boldsymbol{W}^{\mathrm{T}}\boldsymbol{X}+\boldsymbol{b}\leqslant 0 \end{cases} \tag{7-1}$$

　　其中 $\boldsymbol{X}$ 为输入向量,$\boldsymbol{W}$ 为权值向量,$\boldsymbol{b}$ 为偏置向量。常用激活函数可以是 tanh 函数或其他函数,感知器中常用的 logistic 函数和 tanh 激活函数在保持结果稳定的情况下,仅仅用于将结果压缩在一个较小的空间,公式中可以不予考虑。

7.1.3　多层感知器

　　多层感知器(multilayer perceptron,MLP)也称为前馈神经网络(feedforward neural networks,FNN),实质上就是一种多层全连接神经网络。多层感知器的特点在于网络结构中不存在环状结构,采用一种单向多层方式搭建网络结构。网络中的每一层包含若干神经元,同一层的神经元之间没有连接,相邻层的神经元采用全连接方式,层间数据的传输只沿一个方向,数据整体传输从输入层,经过一至多层隐藏层,直到输出层。以含有两层隐藏层的多层感知器为例,其结构如图 7-5 所示。整个网络中不存在反馈,可以用一个有向无环图表示。

　　多层感知器中的单个神经元与感知器极为类似,仅仅是去除了感知器最后的判断部分,保留了线性变换和激活函数,公式如下:

$$z = \boldsymbol{W}^{\mathrm{T}}\boldsymbol{X}+\boldsymbol{b} \tag{7-2}$$

$$y = f(z) \tag{7-3}$$

其中,X、W、b 与式(7-1)中意义相同,f 代表激活函数,如果将激活函数 f 替换成阶跃函数,则神经元就等同于感知器。在多层感知器中,为了加强网络的表达性,一般使用非线性函数作为激活函数,其中主要使用 sigmoid 型函数。sigmoid 型函数指一类具有 S 型的函数,最常用的 sigmoid 函数有 logistic 函数和 tanh 函数。其中,logistic 函数应用广泛,常被记为 $\sigma(x)$,在部分文章中,sigmoid 函数特指 logistic 函数。

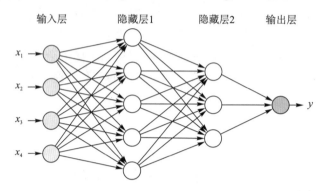

图 7-5　多层感知器基本结构图

多层感知器由一个输入层、多个(至少一个)隐藏层,以及一个输出层构成,而且输入层与输出层的数量不一定是对等的。每一层都有若干神经元,神经元之间有连接权重。如图 7-5 所示。

图结构的最左边是输入层。中间是一层或者多层隐藏层(hidden layers)。隐藏层在输入层和输出层之间,层数是可变的。隐藏层的功能就是把输入映射到输出。已经得到验证的是,一个只有一个隐藏层的多层感知器可以估算任何连接输入和输出的函数。最右边是输出层,这层神经元的多少取决于我们要解决的问题。

多层感知器与简单的感知器有很多不同。相同的是它们的权重都是随机的,所有的权重通常都是[-0.5,0.5]之间的随机数。除此之外,每个模式(pattern)输入到神经网络时,都会经过正向传播、反向传播、更新参数三个阶段。接下来让我们一个个详细地介绍。

在正向传播阶段,我们计算神经网络的输出。在每一层,我们计算这一层每个神经元的触发值(firing value)(不同地方叫法不同,但意思一样)。触发值通过计算连接这个神经元前一层所有神经元的值与相应权重的乘积之和得到。

激活函数是用来归一化每个神经元的输出的。这个函数在感知器的分析中经常出现。这个输出的计算在神经网络中一层层往前,直到输出层得到一些输出值。这些输出值一开始的时候都是随机的,跟我们的目标值没有什么关系,但这里是反向传递算法的开始之处,从这里进入反向传播阶段。

反向传递算法使用了 delta 规则。这个算法就是在算 delta,这是从输出神经元开始往回,直到输入层每个神经元的局部梯度下降。要计算输出神经元的 delta,我们首先要得到每个输出神经元的误差。这是很简单的,因为多层感知器是有监督的训练网络,所以误差就是神经网络的输出与实际输出的差别。

这一部分在 delta 规则中是很重要的,是反向传递算法的精髓。你可能会问为什么,因为中学数学老师教过我们,求导能得到一个函数随着它的输入的变化,即这个函数变化了多少。通过反向传递求导的值,前面的神经元就会知道权重要变化多少,以更好地让神经网络的输出符合实际输出。这一切都要从神经网络的输出与实际输出的差别开始算起,然后进入更新参数阶段。

对于层1来说,新的权重是在现在的权重上加上两样东西:

第一个是现在权重与之前权重的差别乘以一个系数 α。这个系数叫作势系数(momentum coefficient)。势系数通过向多层神经网络里面加入已经发生的权重变化,起到加速训练的作用。这是把双刃剑,因为如果势系数设得太大,神经网络不会收敛,很有可能陷入局部最小值。

另一个加入的东西是层1的 delta 值乘以前一层 l-1 的神经元的输出,这个乘积还要乘以一个系数 η,这个系数叫学习步长,这就是多层感知器。在统计分析中,神经网络是一个毋庸置疑的强有力的工具。多层感知器有很多应用,如统计分析学、模式识别、光学符号识别等。

7.1.4 多层感知器的训练

多层感知器的训练过程是用反向传播(back-propagation)算法来迭代调整网络参数,这个算法由最小二乘法导出,使得输入样本的标记与对应的输出节点类别判断的平均误差最小。通过多次迭代实验,准确率可以达到预期。用这个调整好参数的神经网络来识别新输入的手写体数字,也能够取得超过 90% 的预测准确率。值得注意的是,这个数学模型,即它所描述的神经网络功能是通用的。对同一个神经网络的机器,可以用它来学习识别手写体字,也可以用来区分债券的等级。对债券需要的是描述其属性的训练样本,来供给机器学习它的知识。同一个算法的机器,可以用不同的样本数据,赋予机器不同的知识和智能。机器的学习能力,即智商,只受数学模型对数据不同模式的表达能力所限。参数越多,表达能力越强。

通常用多元线性函数和非线性作用函数的简单组合来表示数值规律和划分类别模式,实际中的线性函数参数是以万计到百亿计的数量。这样的数学模型虽然很简单,却因参数数量巨大,能够实现复杂的功能,从而足以涵盖各种预测和辨识情况。在数学上,这类通过调整模型参数来减小误差和应用模型预测的算法,都是精确和有效的。但也因变量个数巨大,难以分析由输入到输出每一步的变化规则,无从归纳成像物理规律那样简单明晰的因果性机理,无法从人脑跟踪逻辑推演的角度来直观地理解它的功能。

7.2 深度学习概述

深度学习(deep learning,DL)通过建立类似于人脑的深度神经网络结构,模拟人脑对输入数据从底层到高层逐层提取的特征,从而能很好地建立从底层信号到高层语义的映射关系。2006 年,加拿大多伦多大学教授、机器学习领域的泰斗 Geoffrey Hinton 和他的学生 RuslanSalakhutdinov 在《科学》上发表了一篇文章,掀起了深度学习在学术界和工业界的浪潮。这篇文章有两个主要观点:①多隐层的人工神经网络具有优异的特征学习能力,学习得到的特征更能反映数据的本质,从而有利于可视化或分类;②深度神经网络在训练上的难度,可以通过"逐层初始化"(layer-wise pre-training)来克服,在这篇文章中,逐层初始化是通过无监督学习实现的。

自 2006 年 Hinton 等提出深度学习以来,该方法给许多领域都带来了显著的改善,其中在诸如图像处理、手写体识别、图像标注、语义理解和语音识别等研究领域取得了广泛而有效的应用。近年来,随着深度神经网络在各个领域的快速应用,基于深度神经网络模型的方法在汉语分词任务中得到了集中应用,并取得了超乎以往传统分词方法的效果。该类分词技术利用深度神经网络对数据进行自动表征学习,通过多层级的建模学习出越来越抽象的数据表示,避免了烦琐的特征工程。在 2011 年,Collobert 等首次利用深度神经网络从最终的分词标注训练语料集中,学习原始特征和上下文表示。随后 CNN、GRNN、LSTM、BiLSTM 等深度神经网络模型都被引入到汉语分词任务中,并结合汉语分词进行多种改进。和传统机器学习汉语分词技术相比较,基于深度神经网络的汉语分词技术无须人工进行特征选择,还可以保留长距离句子信息,是对传统机器学习方法的补充。但基于深度神经网络的汉语分词技术更为复杂,需要更多的计算资源。

7.2.1　深度神经网络的基本结构

深度神经网络(deep neural network,DNN)是一种具备至少一个隐层的神经网络。与浅层神经网络类似,深度神经网络也能够为复杂非线性系统进行建模,但多出的层次为模型提供了更高的抽象层次,因而提高了模型提取特征的能力,从而获得更好的性能。

按不同层的位置划分,深度神经网络内部的神经网络层可以分为输入层(input layer)、隐藏层(hidden layer)和输出层(output layer),一般第一层是输入层,最后一层是输出层,而中间层都是隐藏层。层与层之间是全连接的,即第 i 层的任意一个神经元一定与第 $i+1$ 层的任意一个神经元相连。图 7-6 是深度神经网络的基本结构图。深度神经网络中的"深度"指的是一系列连续的隐藏层,网络模型中包含的隐藏层数量,就称为模型的"深度"。通过这些隐藏层,我们可以对数据进行高层的抽象。深度神经网络由一个输入层、多个(至少一个)隐藏层,以及一个输出层构成,而且输入层与输出层的数量不一定是对等的。每一层都有若干神经元,神经元之间有连接权重。

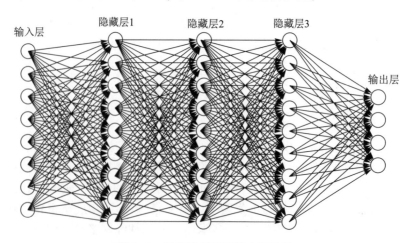

图 7-6　深度神经网络基本结构图

7.2.2 深度神经网络的训练过程

1）DNN 的前向传播过程

DNN 的前向传播算法是利用若干权重系数矩阵 W、偏置向量 b 来和输入值向量 x 进行一系列的线性运算和激活运算，从输入层开始，利用上一层的输出计算下一层的输出，一层层地向后计算，一直到运算到输出层，得到输出结果。

前向传播过程如下：

输入：总层数 L，所有隐藏层和输出层对应的矩阵 W、偏置向量 b、输入值向量 x。

输出：输出层的输出 aL。

（1）初始化 $al=x$

（2）for $l=2$ to L，计算：

$$al=\sigma(zl)=\sigma(Wlal-1+bl)$$

最后的结果即输出 aL。

2）DNN 的反向传播算法

使用前向传播算法计算训练样本的输出，使用损失函数来度量由训练样本计算出的输出和真实的训练样本标签之间的损失。DNN 的反向传播算法（back propagation，BP），通过对损失函数用梯度下降法进行迭代优化求极小值，找到合适的隐藏层和输出层对应的线性系数矩阵 W、偏置向量 b，让所有由训练样本输入计算出的输出尽可能地等于或接近样本标签。

在运用 DNN 反向传播算法前，我们需要选择一个损失函数，来度量由训练样本计算出的输出和真实的训练样本输出之间的损失。你也许会问：由训练样本计算出的输出是怎么得来的？这个输出是随机选择一系列 W、b，用上述的前向传播算法计算出来的。即通过一系列的计算：$al=\sigma(zl)=\sigma(Wlal-1+bl)$。计算到输出层第 L 层对应的 aL，即前向传播算法计算出来的输出。

反向传播算法如下：

输入：总层数 L，以及各隐藏层与输出层的神经元个数，激活函数，损失函数，迭代步长 α，最大迭代次数 MAX 与停止迭代阈值 ϵ，输入的 m 个训练样本 $\{(x_1,y_1),(x_2,y_2),\cdots,(x_m,y_m)\}$。

输出：各隐藏层与输出层的线性关系系数矩阵 W 和偏置向量 b。

（1）初始化各隐藏层与输出层的线性关系系数矩阵 W 和偏置向量 b 的值为一个随机值。

（2）for iter to 1 = MAX：

（2-1）for $i=1$ to m：

    a）将 DNN 输入 al 设置为 xi

    b）for $l=2$ to L，进行前向传播算法计算 $ai,l=\sigma(zi,l)=\sigma(Wlai,l-1+bl)$

    c）通过损失函数计算输出层的 $\delta i,L$

    d）for $l=L-1$ to 2，进行反向传播算法计算 $\delta i,l=(Wl+1)T\delta i,l+1\odot\sigma'(zi,l)$

（2-2）for $l=2$ to L，更新第 1 层的 Wl、bl：

$$Wl=Wl-\alpha\sum i=1m\delta i,l(ai,l-1)T$$

$$bl = bl - \alpha \sum i = 1m\delta i, l$$

（2-3）如果所有 $\boldsymbol{W}$、$\boldsymbol{b}$ 的变化值都小于停止迭代阈值 $\boldsymbol{\epsilon}$，则跳出迭代循环到步骤（3）。

（3）输出各隐藏层与输出层的线性关系系数矩阵 $\boldsymbol{W}$ 和偏置向量 $\boldsymbol{b}$。

3）激活函数的概念及常见激活函数

激活函数（activation function），有时候也称作激励函数。它是为了解决线性不可分的问题引出的。但是也不是说线性可分就不能用激活函数，也是可以用的。它的目的是使数据更好地展现出我们想要的效果。常见的激活函数有 sigmoid 函数、tanh 函数、relu 函数、elu 函数、softmax 函数等。下面简要介绍常见的激活函数，给出它们的优缺点。

（1）sigmoid 函数：输出范围是（0,1）。如果想要数据尽可能地处在 0 或 1 上，或者要进行二分类，就用这个函数。其他的情况尽量不要用，或者从来不用。因为，下面这个函数几乎在任何场合都比 sigmoid 函数更加优越。

优点：输出映射范围是（0,1），单调连续，适合用作输出层，求导容易。

缺点：一旦输入落入饱和区，一阶导数接近 0，就可能产生梯度消失的情况。

（2）tanh 函数：输出范围是（-1,1）。如果想让数据尽可能在-1 到 1 之间，就考虑这个函数。

优点：输出以 0 为中心，收敛速度比 sigmoid 函数要快。

缺点：存在梯度消失问题。

（3）relu 函数：relu = max(0, z)，当 z<0 时，导数为 0，当 z>0 时，导数为 1。这个激活函数几乎成了默认的激活函数，如果不知道用什么激活函数的话，用它效果也不错。

优点：目前最受欢迎的激活函数，当 x<0 时硬饱和，当 x>0 时导数为 1，所以在 x>0 时保持梯度不衰减，从而可以缓解梯度消失的问题，能更快收敛，并提供神经网络稀疏表达能力。

缺点：随着训练的进行，部分输入或落入硬饱和区，导致无法更新权重，称为"神经元死亡"。

（4）elu 函数：称为指数线性单元函数，是对 relu 函数的一个改进，相比于 relu 函数，在输入为负数的情况下，为一定的输出。

优点：有一个非零梯度，这样可以避免单元消失的问题。

缺点：计算速度比 relu 函数和它的变种慢，但是在训练过程中可以通过更快地收敛 sua 年度来弥补。

（5）softplus 函数：对 relu 函数做了平滑处理，更接近脑神经元的激活模型。

（6）softmax 函数：除了用于二分类，还可以用于多分类，将各个神经元的输出映射到（0,1）。

使用激活函数的一般规则为：当输入数据特征相差明显时，用 tanh 函数效果很好，当特征相差不明显时用 sigmoid 函数效果比较好，sigmoid 函数和 tanh 函数作为激活函数需要对输入进行规范化，否则激活后的值进入平坦区，而 relu 函数不会出现这种情况，有时也不需要输入规范化，因此 85%~90% 的神经网络会使用 relu 函数。

4）损失函数的概念及常见损失函数

损失函数（loss function）是用来估量模型的预测值 $f(x)$ 与真实值 Y 的不一致程度，它是一个非负实值函数，通常使用 $L[Y, f(x)]$ 来表示，损失函数越小，模型的鲁棒性就越好。

损失函数一般分为二分类损失函数、多分类损失函数和回归问题损失函数。二分类损失函数有 0-1 损失函数、Hinge 损失函数、Logistic Cross Entropy Loss 损失函数等。多分类损失函数有 Softmax Cross Entropy Loss 损失函数。回归问题损失函数有均方差误差或根均方差误差损失函数、平均绝对值误差和 Huber 损失函数等。下面简要介绍一些常用损失函数及其特点。

（1）0-1 损失（zero-one loss）函数

0-1 损失是指预测值和目标值不相等时为 1,否则为 0。

特点:

①直接对应分类判断错误的个数,但它是一个非凸函数,不太适用。

②感知器就是用的这种损失函数。但是相等这个条件太过严格,因此可以放宽条件,即满足误差在设定范围内时认为相等。

（2）绝对值损失函数

特点:是计算预测值与目标值的差的绝对值。

（3）log 对数损失函数

特点:

①能非常好地表征概率分布,在很多场景尤其是多分类,如果需要知道结果属于每个类别的置信度,则它非常适合。

②健壮性不强,相比于 Hinge 损失函数对噪声更敏感。

③逻辑回归的损失函数就是 log 对数损失函数。

（4）平方损失函数

特点:经常应用于回归问题。

（5）指数损失（exponential loss）函数

特点:对离群点、噪声非常敏感。经常用在 AdaBoost 算法中。

（6）Hinge 损失函数

特点:

①表示如果被分类正确,损失为 0,否则损失就为 $1-yf(x)$。SVM 就是使用这个损失函数。

②一般的 $f(x)$ 是预测值,在 -1 到 1 之间,y 是目标值(-1 或 1)。其含义是,$f(x)$ 的值在 -1 到 +1 之间就可以了,并不鼓励 $|f(x)|>1$,即并不鼓励分类器过度自信,让某个正确分类的样本距离分割线超过 1 并不会有任何奖励,从而使分类器可以更专注于整体的误差。

③健壮性相对较高,对异常点、噪声不敏感,但它没太好的概率解释。

（7）感知损失（perceptron loss）函数

特点:

是 Hinge 损失函数的一个变种,Hinge 损失函数对判定边界附近的点(正确端)惩罚力度很大,而感知损失函数只要样本的判定类别正确,它就满意,不管其判定边界的距离。它比 Hinge 损失函数简单,因为不是 max-margin boundary,所以模型的泛化能力没 Hinge 损失函数强。

（8）交叉熵损失函数（Cross-entropy loss function）

特点:

①本质上也是一种对数似然函数,可用于二分类和多分类任务中。

②当使用 sigmoid 函数作为激活函数的时候,常用交叉熵损失函数而不用均方误差损失函数,因为它可以完美解决平方损失函数权重更新过慢的问题,具有"误差大的时候,权重更新快;误差小的时候,权重更新慢"的良好性质。

5)DNN 的训练过程

如果对所有层同时训练,时间复杂度会太高;如果每次训练一层,偏差就会逐层传递。这会面临跟上面监督学习中相反的问题,会严重欠拟合(因为深度神经网络的神经元和参数太多)。

2006 年,Hinton 提出了在非监督数据上建立多层神经网络的一个有效方法,简单地说,分为两步,一是每次训练一层网络,二是调优,使原始表示 x 向上生成的高级表示 r 和该高级表示 r 向下生成的 x' 尽可能一致。方法是:

(1)逐层构建单层神经元,这样每次都是训练一个单层网络。

(2)在所有层训练完后,Hinton 使用 Wake-Sleep 算法进行调优。

除最顶层外,将其他层间的权重变为双向的,这样最顶层仍然是一个单层神经网络,而其他层则变为图模型。向上的权重用于"认知",向下的权重用于"生成"。然后使用 Wake-Sleep 算法调整所有的权重。使认知和生成达成一致,也就是保证生成的最顶层表示能够尽可能正确地复原底层的结点。比如顶层的一个结点表示人脸,那么所有人脸的图像应该激活这个结点,并且这个结点生成的图像应该能够表现为一个大概的人脸图像。Wake-Sleep 算法分为醒(wake)和睡(sleep)两个阶段。

(1)wake 阶段:认知过程(从现实到概念),通过外界的特征和向上的权重(认知权重)产生每一层的抽象表示(结点状态),并且使用梯度下降修改层间的下行权重(生成权重)。也就是"如果现实跟我想象的不一样,改变我的权重,使得我想象的东西就是这样的"。

(2)sleep 阶段:生成过程(从概念到现实),通过顶层表示(醒时学得的概念)和向下的权重(生成权重),生成底层的状态,同时修改层间向上的权重。也就是"如果梦中的景象不是我脑中的相应概念,改变我的向上的权重(认知权重),使得这种景象在我看来就是这个概念"。

7.3 神经网络与词向量及字向量

在目前自然语言处理的各项任务中,词向量已经得到了广泛的应用并取得了很好的效果,然而这是对英文等西方语言而言的。对于中文,由于其包含了大量的信息,这些年来,许多学者对中文字向量、词向量进行了大量研究和探索,使用这些字向量、词向量在很多自然语言处理任务中的效果都得到了提升。

7.3.1 词向量和字向量的概念

1)词向量的概念

词向量(word embedding),又叫词嵌入。基于神经网络的分布表示,一般称为词向量、词嵌入或分布式表示(distributed representation)。神经网络词向量表示技术通过神经网络技术对上下文,以及上下文与目标词之间的关系进行建模。由于神经网络较为灵活,这类方法的最大优势在于可以表示复杂的上下文。在基于矩阵的分布表示方法中,最常用的上下文是词。如果使用包含词序信息的 n-gram 作为上下文,当 n 增加时,n-gram 的总数会呈指数级增长,此时会遇到维数灾难问题。而神经网络在表示 n-gram 时,可以通过一些组合方式对 n 个词进行组合,参数个数仅以线性速度增长。有了这一优势,神经网络模型可以对更复杂的上下文进行建模,在词向量中包含更丰富的语义信息。神经网络词向量模型与其他分布表示方法一样,均基于分布假说,核心依然是上下文的表示以及上下文与目标词之间关系的建模。构建上下文与目标词之间的关系,最自然的一种思路就是使用语言模型。从历史上看,早期的词向量只是神经网络语言模型的副产品。同时,神经网络语言模型对后期词向量的发展方向有着决定性的作用。

2)字向量的概念

字向量就是对字进行向量化。字和词具有相似性,所以很多适用于词向量化的方法也适用于字向量,不同之处仅仅在于处理的粒度一个是字,一个是词语。

7.3.2 如何训练字向量和词向量

要介绍字向量是怎么训练得到的,就不得不提到语言模型,字向量都是基于语言模型训练得到的。这也比较容易理解,要从一段无标注的自然文本中学习到一些东西,无非就是统计出词频、词的共现、词的搭配之类的信息。而从自然文本中统计并建立一个语言模型,无疑是要求最为精确的一个任务。既然构建语言模型这一任务要求这么高,其中必然也需要对语言进行更精细的统计和分析,同时也会需要更好的模型、更大的数据来支撑。目前最好的词向量都来源于此,也就不难理解了。

可以使用 Word2Vec 工具训练字向量和词向量。在对统计语言模型进行研究的背景下,Google 公司在 2013 年开放了 Word2Vec 这款用于训练词向量的工具。Word2Vec 可以根据给定的语料库,通过优化后的训练模型快速将一个词语表达成向量形式,为自然语言处理领域的应用研究提供新的工具。Word2Vec 依赖跳字模型(skip-grams)或连续词袋模型(CBOW)来建立神经网络词嵌入。具体到训练字向量、词向量时,我们可以使用 TensorFlow 框架来实现,也可以使用 Gensim 第三方库来实现。下面以使用 Gensim 库为例进行讲解。

1)训练字向量

基于 Gensim 库训练中文字向量的源代码如下:

```
# 导入相关包
import re
import os
import argparse
from gensim.models import Word2Vec
import codecs

parser = argparse.ArgumentParser()
```

```
parser.add_argument("--corpus_path", help="corpus path", default="corpus", type=str)

corpus_path = 'PKUCorpus'

class Sentences:
    def __init__(self, dirname_list):
        self.dirname_list = dirname_list

    def __iter__(self):
        for dirname in self.dirname_list:
            for filename in os.listdir(dirname):
                print(filename)
                for line in codecs.open(dirname + os.sep + filename, 'r', 'utf-8'):
                    pieces = line.strip().replace(" ", "")
                    characters = [re.match("[\u4e00-\u9fa5]", ch) for ch in
pieces]
                    sentence = list()
                    for character in characters:
                        if character:
                            sentence.append(character.group(0))
                    yield sentence

if __name__ == "__main__":
    sentences = Sentences([corpus_path + os.sep + filename for filename in os.listdir
(corpus_path)])
    #for sentence in sentences:
    #    print(sentence)
    model = Word2Vec(sentences, size=256, window=5, min_count=5, iter=60,
workers=4)
    model.save('vectors/' + corpus_path + '/character.m')
    model.wv.save_word2vec_format('vectors/' + corpus_path + '/character.vec',
binary=False)
```

　　使用 Gensim 库训练字向量的过程：①对语料库进行预处理：一行一个文档或句子，将文档或句子分词（以空格分割，英文可以不用分词，因为英文单词之间已经由空格分割，中文语料需要使用分词工具进行分词，当然训练字向量不需要分词）；②将原始的训练语料转化成一个 sentence 的迭代器，每一次迭代返回的 sentence 是一个 word（utf8 格式）的列表。可以使用 Gensim 中 word2vec.py 中的 LineSentence( )方法实现；③将上面处理的结果输入到 Gensim 内建的 word2vec 对象进行训练即可,使用 Word2Vec 方法实现(见上面源代码中加粗行),该方法的参数定义如下。

- sentences:可以是一个 list。
- sg:用于设置训练算法,默认为 0,对应 CBOW 算法;sg = 1 则采用 skip-gram 算法。
- size:指特征向量的维度,默认为 100。较大的 size 需要更多的训练数据,但是效果会更好, 推荐值为几十到几百。
- window:表示当前词与预测词在一个句子中的最大距离。
- alpha:学习速率。
- seed:用于随机数发生器。与初始化词向量有关。
- min_count:可以对字典做截断。词频少于 min_count 次数的单词会被丢弃掉,默认值为 5。
- max_vocab_size:设置词向量构建期间的 RAM 限制。如果所有独立单词个数超过这个,则就消除掉其中最不频繁的一个。每一千万个单词需要大约 1 GB 的 RAM。设置成 None 则没有限制。
- workers:参数控制训练的并行数。
- hs:如果为 1 则会采用 hierarchica softmax 技巧。如果设置为 0(defaut),则 negative sampling 会被使用。
- negative:如果大于 0,则会采用 negativesamping,用于设置多个 noise words。
- iter:迭代次数,默认为 5。

训练好的字向量文件可以保存为文本格式。每行包含一个字及其向量。每个值由空格分隔。第一行记录元信息:第一个数字表示文件中的字数,第二个数字表示向量维度大小。图 7-7 是训练好的字向量文件打开后的截图,从图的第一行可知该字向量共有 5425 个不同的汉字,每个字向量的维度是 256。

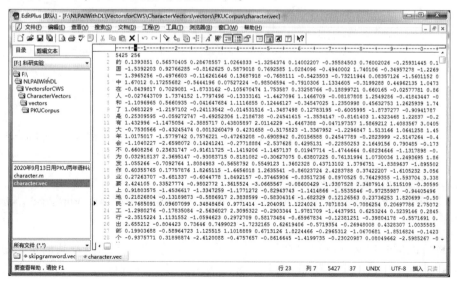

图 7-7 训练好的字向量截图

2）训练词向量

国际汉语分词评测 Bakeoff 2005 中的 PKU 和 MSRA，是已经进行了分词的两种训练语料，如图 7-8 所示。

图 7-8　词向量训练语料截图

基于 Gensim 库训练中文词向量的源代码如下：

```
# 导入相关包
import argparse
from gensim.models import Word2Vec
from gensim.models.word2vec import PathLineSentences

parser = argparse.ArgumentParser()
parser.add_argument("--corpus_path", help="corpus path", default="corpus", type=str)

corpus_path = 'Bakeoff2005'

if __name__ == "__main__":
    model = Word2Vec(PathLineSentences(corpus_path), size=256, window=5, min_count=3, iter=20, workers=4)
    model.save('vectors/' + corpus_path + '/word.m')
    model.wv.save_word2vec_format('vectors/' + corpus_path + '/word.vec', binary=False)
```

训练好的词向量文件可以保存为文本格式。每行包含一个词语及其向量。每个值由空格分隔。第一行记录元信息：第一个数字表示文件中的词语数，第二个数字表示向量维度大小。图 7-9 是训练好的词向量文件打开后的截图。

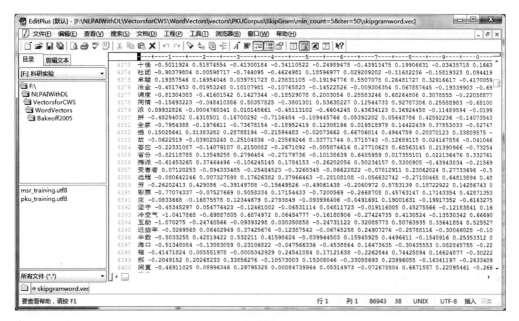

图7-9 训练好的词向量截图

7.4 多层感知器的应用

基于多层感知器实现 MNIST 手写数字识别是所有学习 AI 同学的入门必修课程,也是学习神经网络和深度学习的入门案例。MNIST 识别准确率刚开始大家一般都能达到90%左右,再往上提高就需要费较大的精力去修改模型、调优参数。当然,使用不同的模型,识别准确率也会有一定的差别。例如,基于感知器模型(单个神经元)进行 MNIST 手写数字识别,准确率最高也就92%左右;使用多层全连接神经网络模型(多层感知器)进行 MNIST 手写数字识别,准确率很容易达到96%以上;而基于简单的卷积神经网络进行 MNIST 手写数字识别,准确率很容易达到98%。

MNIST 数据集是一个公开的数据集,是由 0~9 手写数字图片和数字标签所组成的,包含 60000 个训练样本和 10000 个测试样本,每个样本都是一张 28 * 28 像素的灰度手写数字图片。MNIST 数据集来自美国国家标准与技术研究所,整个训练集由 250 个不同人的手写数字组成,其中 50%来自美国高中学生,50%来自人口普查的工作人员。

下面基于多层全连接神经网络和卷积神经网络分别实现 MNIST 手写数字识别,神经网络的实现基于 TensorFlow2.1 深度学习框架。由于大部分代码相同,只是搭建模型部分代码不同,所以相同的代码不再重复,不同之处分别呈现。

步骤1:导入相关模块。

导入相关第三方库,其中用"import tensorflow as tf"导入 TensorFlow 库,并输出所使用的 TensorFlow 库的版本。

```
In[1]:import tensorflow as tf
import numpy as np
import matplotlib.pyplot as plt
%matplotlib inline
print("TensorFlow 版本是:", tf.__version__)
```

步骤 2:载入 MNIST 数据文件,加载 MNIST 手写数字,识别数据集并熟悉该数据集。

```
In[2]:mnist = tf.keras.datasets.mnist
(train_images, train_labels), (test_images, test_labels) = mnist.load_data()
        print("Train image shape:", train_images.shape, "Train label shape:", train_labels.shape)
print("Test image shape:", test_images.shape, "Test label shape:", test_labels.shape)

Out[2]:Train image shape: (60000, 28, 28) Train label shape: (60000,)

Test image shape: (10000, 28, 28) Test label shape: (10000,)
```

步骤 3:数据预处理,特征数据归一化和对标签数据进行独热编码。

```
In[3]:# 对图像 images 除以 255 转换为[0,1]之间数据
train_images = train_images / 255.0
test_images = test_images / 255.0

In[4]:# 对标签数据进行独热编码
train_labels_ohe = tf.one_hot(train_labels, depth = 10).numpy()
test_labels_ohe = tf.one_hot(test_labels, depth = 10).numpy()
```

步骤 4:搭建神经网络模型,使用 tf.keras 构建 MNIST 手写数字识别的多层全连接神经网络模型(多层感知器)。

```
In[5]:H1_NN = 256
H2_NN = 64
model = tf.keras.models.Sequential([tf.keras.layers.Flatten(input_shape = (28, 28)),
                    tf.keras.layers.Dense(H1_NN, activation = tf.nn.relu),
                    tf.keras.layers.Dense(H2_NN, activation = tf.nn.relu),
                    tf.keras.layers.Dense(10, activation = tf.nn.softmax),
])
```

查看模型摘要,从中可以很容易看到所搭建的神经网络模型的层次结构和各层的参数量,以及整个模型的参数个数、可训练参数个数和不能训练的参数个数。

```
In[6]:model.summary()

Out[6]: Model: "sequential"
```

Layer（type）	Output Shape	Param #
flatten（Flatten）	（None，784）	0
dense（Dense）	（None，256）	200960
dense_1（Dense）	（None，64）	16448
dense_2（Dense）	（None，10）	650

Total params：218,058
Trainable params：218,058
Non-trainable params：0

下面是定义训练模式的代码，可以设置优化方式、损失函数、模型评估指标等。

```
In[7]:# 定义训练模式
model.compile( optimizer = 'Adam' ,
               loss = 'categorical_crossentropy' ,
               metrics = ['accuracy'])
```

设置模型训练的超参数。

```
In[8]:train_epochs = 30
batch_size = 100
```

步骤 5：训练模型，并记录训练过程中的指标数据。

```
In[9]:# 训练模型
train_history = model.fit( train_images, train_labels_ohe,
                validation_split = 0.2,
                epochs = train_epochs,
                batch_size = batch_size,
                verbose = 2)
```

步骤 6：可视化训练过程指标数据，如训练过程中的损失值和准确率。训练集和校验集损失值如图 7-10 所示，训练集和校验集准确率如图 7-11 所示。

```
In[10]: plt.title("Train History")
plt.xlabel("Epochs")
plt.ylabel("Loss")
plt.plot( train_history.history["loss"], "blue", label = "Train Loss")
plt.plot( train_history.history["val_loss"], "red", label = "Valid Loss")
plt.legend( loc = 1)   # 通过参数 loc 指定图例位置
```

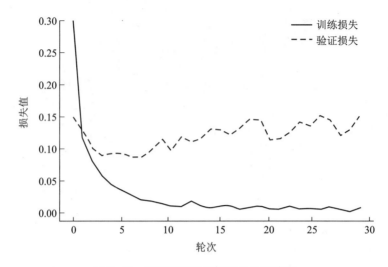

图 7-10　训练集和校验集损失值示意图

```
In[11]: plt.title("Train History")
plt.xlabel("Epochs")
plt.ylabel("Accuracy")
plt.plot(train_history.history["accuracy"], "blue", label = "Train Accuracy")
plt.plot(train_history.history["val_accuracy"], "red", label = "Valid Accuracy")
plt.legend(loc = 0)    #通过参数 loc 指定图例位置
```

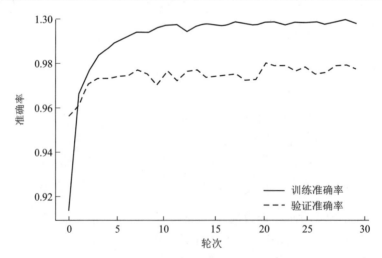

图 7-11　训练集和校验集准确率示意图

步骤 7:评估模型,完成模型训练后,在测试集上评估模型的准确率。

```
In[12]:test_loss, test_acc = model.evaluate(test_images, test_labels_ohe, verbose = 2)

Out[12]: 10000/10000 - 0s - loss: 0.1353 - accuracy: 0.9770
```

步骤8:模型应用与可视化,完成模型训练后,如果认为准确率可以接受,则可以使用该模型对测试集进行预测,并可视化预测结果。

```
In[13]:pred_test = model.predict_classes(test_images)
```

```
In[14]: print(pred_test.shape)
pred_test[0]
```

定义可视化函数。

```
def plot_images_labels_prediction(images, labels, preds, index = 0, num = 10):
    fig = plt.gcf()    # 获取当前图表, Get Current Figure
    fig.set_size_inches(10, 4)
    if num > 10:
        num = 10
    for i in range(num):
        ax = plt.subplot(2, 5, i+1)    #获取当前要处理的子图
        # 显示第 index 个图像
        ax.imshow(np.reshape(images[index], (28, 28)), cmap = "binary")
                title = "label=" + str(labels[index])
        if len(preds) > 0:
            title += ",predict=" + str(preds[index])
        ax.set_title(title, fontsize = 10)
        ax.set_xticks([])
        ax.set_yticks([])
        index = index + 1


    plt.show()
```

调用可视化函数,从测试数据集中选择10张手写体数字进行识别,识别结果见图7-12,从图中可见,这10张手写体图片100%预测正确。

```
plot_images_labels_prediction(test_images, test_labels, pred_test, 10, 10)
```

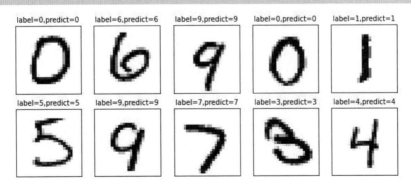

图7-12 10张手写体数字识别结果图

7.5　小结

　　本章首先对人工神经网络进行概述,包括神经元、感知器和多层感知器模型。接着介绍了深度学习的基础知识。然后给出了字向量和词向量的相关概念,并使用神经网络模型来训练获取字向量、词向量。最后使用多层感知器实现了手写数字识别,取得了预期的识别效果。

8
循环神经网络与自然语言处理

随着深度学习的兴起,许多学者将深度学习技术应用于自然语言处理研究领域,并取得了一些突破性成果。其中循环神经网络(recurrent neural network,RNN)及其改进模型在 NLP 领域得到了广泛应用,尤其在序列数据处理上,循环神经网络具有显著优势和很好的性能。

8.1 循环神经网络

全连接神经网络的前一个输入和后一个输入是没有关系的。但是当我们处理序列信息的时候,某些前面的输入和后面的输入是有关系的。比如:当我们在理解一句话的意思时,孤立地理解这句话的每个词是不够的,我们需要处理由这些词连接起来的整个序列,这个时候我们就需要使用循环神经网络。循环神经网络是一种递归神经网络,递归神经网络是两种人工神经网络的总称,一种是时间递归神经网络(time recurrent neural network),另一种是结构递归神经网络(structural recurrent neural network)。本章讲到的循环神经网络一般指前者。

8.1.1 循环神经网络简介

1) 循环神经网络的概念

循环神经网络是一种具有内部记忆的神经网络,用于处理和分析序列数据。与传统的前馈神经网络不同,循环神经网络按单一方向处理数据,具有形成有向循环的连接,使它们能够对先前输入的信息具有记忆能力。图 8-1 是循环神经网络结构示意图。相比一般的神经网络来说,它能够处理序列变化的数据。比如,某个单词的意思会因为上文提到的内容不同而有不同的含义,RNN 就能够很好地解决这类问题,也就是说 RNN 具有记忆能力。

如果把图 8-1 展开,就得到循环神经网络的展开示意图,如图 8-2 所示。

在展开后的循环神经网络中,在 t 时刻输入向量 X_t 之后,经过与输入层到隐藏层之间的权重矩阵运算,再结合 $t-1$ 时刻隐藏层的向量

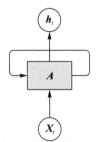

图 8-1 循环神经网络模型结构

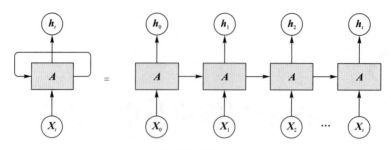

图 8-2 循环神经网络展开示意图

h_{t-1}，从而得到 t 时刻隐藏层的向量值 h_t。换句话说，h_t 的值不仅仅取决于 X_t，还取决于上一时刻的 h_{t-1}。

循环神经网络的另一个显著特征是它们在每个网络层中共享参数。虽然前馈网络中的每个节点都有不同的权重，但循环神经网络在每个网络层都共享相同的权重参数。尽管如此，这些权重仍可通过反向传播和梯度下降过程进行调整，以促进强化学习。循环神经网络利用随时间推移的反向传播（BPTT）算法来确定梯度，这与传统的反向传播略有不同，因为它特定于序列数据。BPTT 的原理与传统的反向传播相同，模型通过计算输出层与输入层之间的误差来训练自身。这些计算帮助我们适当地调整和拟合模型的参数。BPTT 与传统方法的不同之处在于，它会在每个时间步长对误差求和，而前馈网络则不需要对误差求和，因为它们不会在每层共享参数。

2）循环神经网络的扩展

对于循环神经网络，可以从纵向和双向两个维度进行扩展。

（1）纵向扩展：通常指的是在 RNN 中增加层数，即堆叠多个 RNN 层以形成一个深层网络，图 8-3 是堆叠了三个 RNN 层的示意图。每一层都会接收前一层的输出作为输入，并产生自己的输出，然后传递给下一层。纵向扩展可以增大网络的复杂度，使其能够学习更复杂的特征表示，但同时也可能增大过拟合的风险，并需要更多的计算资源。

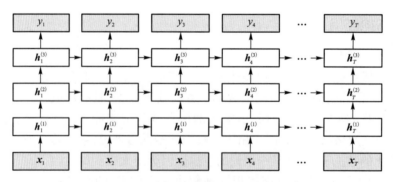

图 8-3 循环神经网络纵向扩展示意图

（2）双向扩展：双向循环神经网络（Bi-RNN）是一种特殊结构的 RNN，它同时考虑过去和未来的信息，在自然语言处理领域一般指同时考虑上文和下文的信息。它由两个 RNN 层组成：一个正向 RNN 层和一个反向 RNN 层。正向 RNN 层按时间顺序处理输入序列，而反向 RNN 层则按时间逆序处理输入序列。图 8-4 是循环神经网络双向扩展示意图。

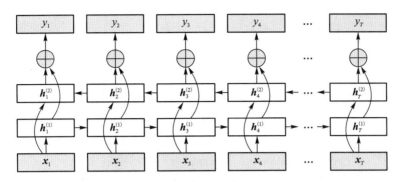

图 8-4　循环神经网络双向扩展示意图

在每个时间步,正向 RNN 层和反向 RNN 层的输出都会被合并(通常是拼接或求和),以形成最终的输出表示。双向扩展使得 RNN 能够同时利用过去和未来的上下文信息,从而提高序列处理的性能。

综上所述,纵向扩展和双向扩展是循环神经网络常用的两种扩展方式,它们分别通过增大网络深度和同时考虑过去与未来的信息来增强 RNN 的处理能力。在实际应用中,可以根据具体任务和数据特性选择合适的扩展方式。

8.1.2　循环神经网络的不同形态及应用场景

循环神经网络可以根据输入和输出的不同分为五种形态(见图 8-5),以下是对这五种形态以及它们的应用场景的简要叙述。

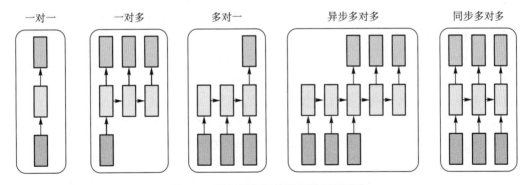

图 8-5　循环神经网络的五种不同形态

1)一对一(one-to-one)

形态描述:这种形态下,RNN 只有一个输入和一个输出,类似于传统的神经网络。

应用场景:可以用于图像分类任务,其中输入是一张图像,输出是该图像的类别标签。

2)一对多(one-to-many)

形态描述:在这种形态下,RNN 接收一个输入,并产生一系列输出。

应用场景:适用于图像描述任务,其中输入是一张图像,输出是对图像中物体的描述序列。

3）多对一（many-to-one）

形态描述：RNN 接收一系列输入，并产生一个输出。

应用场景：适用于文本分类任务，其中输入是一段文本，输出是该文本的类别标签。

4）异步多对多（asynchronous many-to-many）

形态描述：RNN 接收一系列输入，并产生一系列输出，每个输入对应一个输出。

应用场景：适用于机器翻译任务，其中输入是一种语言的句子，输出是另一种语言对应的句子。

5）同步多对多（synchronous many-to-many）

形态描述：在这种形态下，RNN 的输入和输出的序列长度相同，且每个输入都对应一个输出。

应用场景：适用于视频帧级别的分类或标注任务，其中输入是一系列视频帧，输出是对每个帧的分类或标注结果。

这五种 RNN 的形态在处理不同类型的序列数据时具有各自的优势，可以根据具体任务的需求选择合适的形态进行建模。

8.1.3 循环神经网络的局限性

循环神经网络模型在处理长序列时容易出现梯度消失或梯度爆炸的问题，导致模型难以捕捉到长距离的依赖关系。这是由于反向传播算法中的梯度传递过程中，每一步的梯度都需要乘一个相同的权重矩阵，导致梯度指数级地衰减或增长。这使得 RNN 在处理较长的上下文信息时性能下降，影响了词位标注的准确性。

对于梯度爆炸很好解决，可以使用梯度修剪，即当梯度向量大于某个阈值时，缩放梯度向量。但对于梯度消失是很难解决的。所谓的梯度消失或梯度爆炸是指训练过程中计算梯度和反向传播，梯度倾向于在每一时刻递减或递增，经过一段时间后，梯度就会收敛到零（消失）或发散到无穷大（爆炸）。简单来说，长期依赖的问题就是在每一个时间间隔不断增大时，RNN 会丧失连接到远处信息的能力。

如图 8-2 所示，随着时间点 t 的不断递增，当 t 时刻和 0 时刻的时间间隔较大的时候，t 时刻的记忆 h_t 可能已经丧失了学习连接到远处 0 时刻信息的能力了。

另外，RNN 的局限性还有：

（1）RNN 模型在每个时间步只能考虑当前输入和前一个时间步的隐藏状态。这限制了模型对更长的上下文信息的建模能力。在词位标注任务中，某些标注决策可能需要需要分析涉及多个词语的上下文才能做出准确的判断。RNN 难以捕捉到远距离的上下文依赖关系，导致模型对全局上下文的建模能力有限。

（2）在 RNN 中，每个时间步的参数是共享的，这意味着模型的参数数量随着序列长度的增大而增加。这导致了模型的复杂性和计算成本的上升，限制了 RNN 在处理长序列时的可扩展性。

（3）传统的 RNN 结构具有有限的短期记忆能力。随着序列的推进，早期的信息逐渐被新的信息覆盖，导致模型对较早的上下文信息产生遗忘。这可能导致模型在处理长距离依赖关系时的性能下降。

为了解决这些问题,研究人员提出了一些改进的模型,如长短期记忆网络(long-short term memory network,LSTM)、门控循环单元(gated recurrent unit,GRU)和注意力机理等。这些模型通过引入额外的门控机理、增强记忆单元或建立更全面的上下文关注机理,提高了处理长期依赖问题和建模长距离依赖关系的能力。

8.2 长短期记忆网络

长短期记忆网络是一种用于处理序列数据的人工神经网络,是循环神经网络的扩展。它最初由 Hochreiter 和 Schmidhuber 于 1997 年提出,并且在自然语言处理、语音识别、文本生成、音乐生成等领域得到了广泛应用。

8.2.1 长短期记忆网络简介

长短期记忆网络的核心思想是引入一个记忆单元,通过对输入门和输出门的控制,实现对输入信息的筛选和对记忆单元的更新。通过增加记忆单元,可以很好地解决 RNN 模型长期以来的问题。它的记忆单元有两种改变"记忆"的方式:一种是允许神经网络遗忘当前时刻之前的信息,另外一种是当新的信息给予到神经网络的时候更新当前记忆单元存储的内容。因为长短期记忆网络考虑了输入信息和对应输出信息在时间上的滞后性,使得该网络具备了长距离的时序依赖性。

所有的循环神经网络都具有神经网络重复模块传递的形式,在标准循环神经网络中,这个模块的结构非常简单,即一个神经网络层,如 tanh 层。而在长短期记忆网络中虽然也有类似的传递形式,但是重复模块具有不同的结构,它不是一个神经网络层,而是由四个相互作用的神经网络层组成。LSTM 的一般结构如图 8-6 所示。

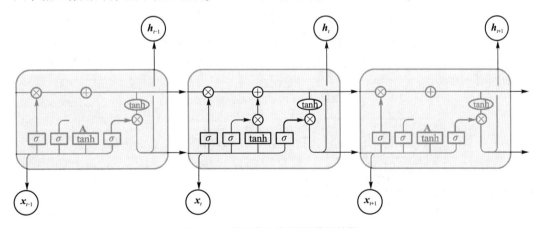

图 8-6 长短期记忆网络模型结构

LSTM 通过对循环层的刻意设计来避免长期依赖和梯度消失、梯度爆炸等问题。长期信息的记忆在 LSTM 中是默认行为,而无须付出代价就能获得此能力。

从网络结构上来看,RNN 和 LSTM 是相似的,都具有一种循环神经网络的链式形式。

在标准的 RNN 中,这个循环节点只有一个非常简单的结构,如一个 tanh 层。LSTM 的内部要复杂得多,在循环的阶段内部拥有更多复杂的结构,即 4 个不同的层来控制信息的交互。

LSTM 模型是由当前时刻的输入词、细胞状态、临时细胞状态 $\tilde{C}_t$、隐层状态 h_t、遗忘门、记忆门、输出门组成的。LSTM 的计算过程可以概括为:通过对细胞状态中信息的遗忘和记忆新的信息,使得对后续时刻计算有用的信息得以传递,而无用的信息被丢弃,并在每个时间步都会输出隐层状态 h_t,其中遗忘、记忆与输出由通过上个时刻的隐层状态和当前输入计算出来的遗忘门、记忆门 i_t、输出门 o_t 来控制。

如图 8-6 所示,LSTM 中在图上方贯穿运行的水平线指示了隐藏层中神经细胞的状态,类似于传送带,只与少量的线交互。数据直接在整个链上运行,信息在上面流动很容易保持不变。状态 C 的变化受到控制门的影响。LSTM 有通过精心设计的称作"门"的结构来除去或者增强信息到细胞状态的能力。门是一种让信息选择式通过的方法。

首先,决定从细胞状态中丢弃什么信息。这个决策是通过一个称为"遗忘门"的层来完成的。该门会读取 h_t-1 和 x_t,使用 sigmoid 函数输出一个在 0~1 之间的数值,输出到在状态 C_t-1 中每个细胞的数值。如图 8-7 所示。

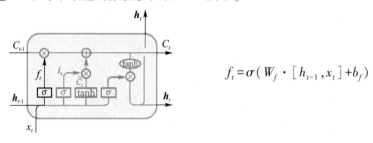

$$f_t = \sigma\left(W_f \cdot [h_{t-1}, x_t] + b_f\right)$$

图 8-7 遗忘门示意图

然后确定什么样的新信息被存放在细胞状态中。这里包含两部分:一部分是 Sigmoid 层,称为"输入门",它决定我们将要更新什么值;另一部分是 tanh 层,创建一个新的候选值向量 ~C_t,它会被加入状态中。这样,就能用这两个信息产生对状态的更新。图 8-8 是输入门示意图。

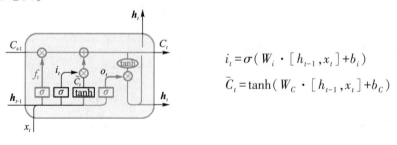

$$i_t = \sigma\left(W_i \cdot [h_{t-1}, x_t] + b_i\right)$$
$$\tilde{C}_t = \tanh\left(W_C \cdot [h_{t-1}, x_t] + b_C\right)$$

图 8-8 输入门示意图

接下来是更新旧细胞状态的时间了,C_t-1 更新为 C_t。前面的步骤已经决定了将会做什么,现在就是实际去完成。把旧状态与 f_t 相乘,丢弃掉我们确定需要丢掉的信息,接着加上 i_t * ~C_t。这就是新的候选值,根据更新每个状态的程度进行变化。图 8-9

是更新细胞状态示意图。

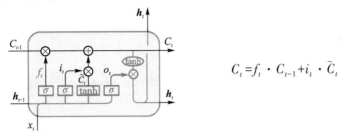

$$C_t = f_t \cdot C_{t-1} + i_t \cdot \tilde{C}_t$$

图 8-9　更新细胞状态示意图

最终需要"输出门"确定输出什么值。这个输出将会基于细胞状态,但也是一个过滤后的版本。首先,运行一个 Sigmoid 层来确定细胞状态的哪个部分将输出出去。接着,把细胞状态通过 tanh 层进行处理(得到一个 $-1 \sim 1$ 之间的值)并将它和 Sigmoid 门相乘,最终仅仅会输出我们确定输出的那部分。图 8-10 是输出门示意图。

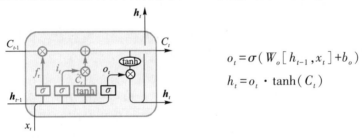

$$o_t = \sigma\left(W_o\left[h_{t-1}, x_t\right] + b_o\right)$$
$$h_t = o_t \cdot \tanh\left(C_t\right)$$

图 8-10　输出门示意图

8.2.2　双向长短期记忆网络

双向长短期记忆网络是一种用于处理序列数据的深度学习模型。它是长短期记忆网络的扩展,可以同时利用前向和后向的信息来预测当前的输出。与传统的单向长短期记忆网络模型相比,双向长短期记忆网络模型可以更好地处理需要考虑上下文信息的任务,如语音识别、自然语言处理和手写识别等。

双向长短期记忆网络模型由两个长短期记忆网络组成,一个是从前往后的(前向LSTM),另一个是从后往前的(后向 LSTM)。在训练过程中,前向 LSTM 从序列的起点开始扫描,后向 LSTM 从序列的终点开始扫描,两个 LSTM 网络分别生成输出,然后将这些输出会合并起来。通过将前向和后向的信息进行组合,BiLSTM 模型可以更全面地理解序列数据,从而提高模型的预测性能。

8.2.3　长短期记忆网络等模型在自然语言处理中的应用

循环神经网络、长短期记忆网络、门控循环单元等是一类特别适合处理序列数据的神经网络模型,在自然语言处理领域有着广泛的应用。NLP 的核心任务之一是理解和生成自然语言,这通常涉及对词序列的处理,其中序列中的每个元素(如单词或字符)都与其前后元素存在一定的依赖关系。RNN、LSTM 等通过其独特的循环结构,能够在处理当前元素时考虑之前的元素,从而捕捉序列中的时序依赖性。例如,在语言建模、机器翻译、汉语分词、词性标注、命名实体识别、情感分析、语音识别、文本生成等任务上都有应用。

8.3 基于循环神经网络的情感分析

情感分析,又称为情感识别或情绪分析,是自然语言处理领域的一个重要研究方向。它涉及对文本数据中的情感倾向进行识别和分类,这些文本数据可以是社交媒体帖子、产品评论、电影评论、新闻文章等。情感分析的主要目标是确定文本中表达的是正面情绪、负面情绪还是中性情绪,有时还会进一步分析文本中的具体情感,如愤怒、喜悦、悲伤等。

8.3.1 情感分析常用方法

随着人工智能和机器学习技术的飞速发展,情感分析研究方法也在不断更新和完善。以下是对当前主流情感分析研究方法的概述。

1)基于情感词典的方法

基于情感词典的方法是情感分析中最基础也是最早被应用的一类方法。它依赖于预先构建的情感词典,该词典中包含了大量的情感词及其对应的情感倾向(如积极、消极、中性等)。在进行情感分析时,系统会对文本进行分词处理,然后计算文本中情感词的数量和权重,最后根据这些情感词的综合得分来判断文本的整体情感倾向。这种方法的优点是简单易懂,实现起来相对容易;但缺点是情感词典的构建和维护需要大量的人力成本,且对于某些特定领域的文本可能无法准确识别其情感倾向。

2)基于机器学习的方法

随着机器学习技术的飞速发展,基于机器学习的方法逐渐成为情感分析领域的主流。这类方法将情感分析看作一个分类问题,即通过将文本分为积极、消极或中性等类别来识别其情感倾向。基于机器学习的方法需要人工提取文本特征,如词频、词性、句法结构等,然后使用分类器(如支持向量机、朴素贝叶斯等)进行情感分类。这种方法相比基于情感词典的方法具有更高的灵活性和准确性,能够处理更复杂的情感分析任务;但缺点是特征提取过程烦琐,且对于大规模数据集的处理效率较低。

3)基于深度学习的方法

近年来,深度学习技术在 NLP 领域取得了显著的进展,也为情感分析带来了新的突破。基于深度学习的方法,利用神经网络模型(如卷积神经网络、循环神经网络、注意力机理等)自动提取文本特征并进行情感分类。这种方法无须人工提取特征,能够自动学习文本中的复杂模式和情感信息,因此具有更高的准确性和鲁棒性。同时,深度学习模型还能够处理大规模数据集,提高情感分析的效率。然而,基于深度学习的方法也存在一些挑战,如模型训练需要大量的标注数据、计算资源消耗较大等。

综上所述,情感分析研究方法经历了从基于情感词典到基于机器学习再到基于深度学习的演变过程。每种方法都有其独特的优势和适用场景,在实际应用中需要根据具体任务和数据集的特点选择合适的方法。未来,随着人工智能技术的不断发展,情感分析研究方法也将继续创新和完善,为文本情感识别提供更加准确、高效和智能的解决方案。

情感分析是一个不断发展的领域,随着算法的改进和数据的积累,它在理解和预测人类情感方面的能力将越来越强。通过情感分析,我们可以更好地理解人们的需求和感受,从而在商业、社会和个人层面做出更明智的决策。

8.3.2 基于循环神经网络的电影评论情感分析

基于 RNN 的电影评论情感分析是一种利用循环神经网络对电影评论进行情感分类的方法。这种方法通过捕捉序列信息,特别是文本中的上下文关系,来分析评论的情感倾向,即正面或负面。RNN 通过其内部记忆机理,能够记住过去的序列信息和当前的输入,从而捕捉到文本中的上下文关系,这对于文本情感分析任务尤为重要。

在电影评论情感分析的任务中,RNN 模型经过训练来识别文本中的模式,这些模式可以指示评论是正面的还是负面的。训练数据通常包括大量标注了情感标签(正面或负面)的电影评论,模型通过学习这些评论的特征和标签之间的关系,最终能够自动地对新的评论进行情感分类。基于 RNN 的电影评论情感分析的实现包括以下几个关键步骤:

步骤 1:导入相关模块。导入相关第三方库,其中用"import tensorflow as tf"导入 TensorFlow 库,并输出所使用的 TensorFlow 库的版本。

```
In[1]:import matplotlib as mpl

import matplotlib.pyplot as plt
%matplotlib inline
import numpy as np
import pandas as pd
import tensorflow as tf

for module in mpl, np, pd, tf:

    print(module.__name__, module.__version__)
```

步骤 2:加载 IMDB 数据集,并进行数据预处理,熟悉该数据集。

```
In[2]:imdb = tf.keras.datasets.imdb
vocab_size = 10000
index_from = 3
(train_data, train_labels), (test_data, test_labels) = imdb.load_data(
    num_words = vocab_size, index_from = index_from)
```

步骤 3：对 IMDB 数据集进行语料补全。

```
In[3]:
max_length = 500
train_data = tf.keras.preprocessing.sequence.pad_sequences(
    train_data, # list of list
    value = word_index['<PAD>'],
     padding = 'post', # post, pre
     maxlen = max_length)


test_data = tf.keras.preprocessing.sequence.pad_sequences(
    test_data, # list of list
    value = word_index['<PAD>'],
    padding = 'post', # post, pre
    maxlen = max_length)


print(train_data[0])
```

步骤 4：搭建神经网络模型。使用 tf.keras 构建进行电影评论情感分析的双向循环神经网络模型。

```
In[5]:
embedding_dim = 16
batch_size = 512


bi_rnn_model = tf.keras.models.Sequential([
    # 1. define matrix：[vocab_size, embedding_dim]
    # 2. [1,2,3,4..], max_length * embedding_dim
    # 3. batch_size * max_length * embedding_dim
    tf.keras.layers.Embedding(vocab_size, embedding_dim, input_length = max_length),
    tf.keras.layers.Bidirectional(tf.keras.layers.SimpleRNN(
                                  units = 32, return_sequences = False)),
    tf.keras.layers.Dense(32, activation = 'relu'),
     tf.keras.layers.Dense(1, activation ='sigmoid'),
])
```

查看模型摘要，从中可以很容易看到所搭建的神经网络模型的层次结构和各层的参数量，以及整个模型的参数个数、可训练参数个数和不能训练的参数个数。

```
In[6]:model.summary()


Out[6]:Model："sequential"
```

Layer（type）	Output Shape	Param #
embedding（Embedding）	（None，500，16）	160000
bidirectional（Bidirectional）	（None，64）	3136
dense（Dense）	（None，32）	2080
dense_1（Dense）	（None，1）	33

Total params：165,249
Trainable params：165,249
Non-trainable params：0

下面是定义训练模式的代码,可以设置优化方式、损失函数、模型评估指标等。

```
In[7]:# 定义训练模式
bi_rnn_model.compile( optimizer = 'adam',
                      loss = 'binary_crossentropy',
                      metrics = ['accuracy'])
```

步骤5:训练模型,记录训练过程中的指标数据。

```
In[9]:# 训练模型
train_history = model.fit( train_images, train_labels_ohe,
                           validation_split = 0.2,
                           epochs = train_epochs,
                           batch_size = batch_size,
                           verbose = 2)
```

步骤6:可视化训练过程指标数据,如训练过程中的损失值和准确率。训练集和校验集损失值如图8-11所示,训练集和校验集准确率如图8-12所示。

```
In[10]:
def plot_learning_curves( history, label, epochs, min_value, max_value):
    data = {}
    data[label] = history.history[label]
    data['val_' +label] = history.history['val_' +label]
    pd.DataFrame( data).plot( figsize=(8, 5))
    plt.grid( True)
    plt.axis([0, epochs, min_value, max_value])
    plt.show()

plot_learning_curves( history, 'accuracy', 5, 0, 1)
plot_learning_curves( history, 'loss', 5, 0, 1)
```

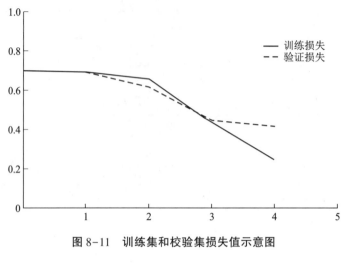

图 8-11　训练集和校验集损失值示意图

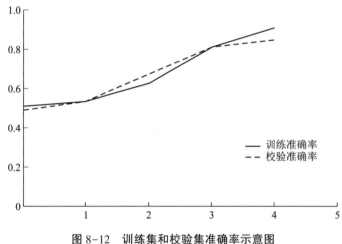

图 8-12　训练集和校验集准确率示意图

步骤 7：评估模型。完成模型训练后，在测试集上评估模型的准确率。

```
In[12]:bi_rnn_model.evaluate(test_data, test_labels, batch_size = batch_size)

Out[12]:[0.43212463934898376, 0.83568]
```

8.4　基于 Bi-LSTM-CRF 的词位标注汉语分词

Bi-LSTM-CRF 是词位标注汉语分词中常用的一种深度学习模型。Bi-LSTM 是一种循环神经网络，它能够对输入序列进行前向和后向的处理，从而提取出上下文信息。在 Bi-LSTM 中，每个时刻的输入被转化为一个隐藏向量，这些向量随后被传递到下一个时间步骤。这种 Bi-LSTM 模型同时考虑过去和未来的上下文，从而提高了词位标注任务的准确性。CRF 是一种概率图模型,它考虑了标签之间的依赖关系,从而使得预测结果更加准确。CRF 层是在 Bi-LSTM 输出的向量序列上进行预测,同时考虑上下文信息和标签之间的转移概率。这些转移概率是通过对训练数据的学习而得出的。在 Bi-LSTM-CRF 模型中,预处理的数据被传递到 Bi-LSTM 层,用于提取序列中的上下文信息。CRF 层根据上下文信息和标签之间的转移概率进行预测。整个模型能通过反向传播算法进行训练,使得预测结果与真实标签之间的差距最小化。

8.4.1 数据预处理

数据预处理是非常重要的一个步骤,它主要包括以下几个方面的作用:

(1)数据清洗:由于中文文本中存在大量的噪声和无效信息,比如特殊字符、HTML标签、空格等,因此需要进行数据清洗,将这些无效信息过滤掉。数据清洗可以通过使用Python 中的正则表达式来实现。

(2)分词标注:为了训练分词模型,需要对训练数据进行分词标注,即将每个词语进行标注,标记为 B、M、E、S 四种标签之一。

(3)数据切分:将已标注的数据集按照一定的比例划分为训练集、验证集和测试集,以便对模型进行训练和测试。数据切分可以通过使用 Python 中的 sklearn 库来实现。

(4)数据编码:将分词标注后的文本转化为模型可以理解的数值型输入,一般采用词向量的形式。数据编码可以通过使用 Python 中的 gensim 库或者其他词向量模型来实现。

(5)数据序列化:将处理后的数据序列化保存,以方便后续训练和测试。数据序列化可以通过使用 Python 中的 pickle 库或其他序列化方式来实现。

8.4.2 构建 Bi-LSTM-CRF 模型

Bi-LSTM-CRF 是一种结合了双向长短期记忆网络和条件随机场的词位标注模型。Bi-LSTM-CRF 模型在自然语言处理领域广泛应用于词性标注、命名实体识别和语义角色标注等任务。它的核心思想是通过双向 LSTM 网络来捕捉序列数据中的上下文信息,并结合 CRF 层进行标签序列的全局优化。

Bi-LSTM 是一种循环神经网络的变种,具有记忆单元和遗忘机理,能够捕捉上下文信息对长期依赖关系进行建模。通过双向结构,Bi-LSTM 可以同时利用前向和后向上下文信息,提供更全面的语境表示。在分词任务中,Bi-LSTM 可以学习到词的上下文特征,对于分词位置的判断具有一定的能力。

CRF 是一种概率图模型,常用于序列标注任务。在分词任务中,CRF 层用于对词与词之间的转移概率进行建模,通过全局优化,使得分词结果更加一致和合理。CRF 层考虑了相邻词之间的标签依赖关系,可以解决歧义和错误割裂的问题。

Bi-LSTM-CRF 模型的训练过程通常采用最大似然估计方法,通过最大化标签序列的联合概率来学习模型的参数。在推理阶段,可以使用维特比算法或其他解码方法来获取最优的标签序列。

构建 Bi-LSTM-CRF 模型的代码如下:

```python
class BiLSTMCRF(tf.keras.models.Model):
    '''vocab_size,单字个数,embed_size,词向量维度,units,隐藏层维度'''

    def __init__(self, vocab_size, embed_size, units, num_tags, *args, **kwargs):
        super(BiLSTMCRF, self).__init__()
        self.num_tags = num_tags
        self.embedding = Embedding(input_dim=vocab_size, output_dim=embed_size)
        self.bilstm = Bidirectional(LSTM(units, return_sequences=True), merge_mode='concat')
        # merge_mode 的选择从维度角度是不影响输出结果的
        self.dense = Dense(num_tags)
        self.dropout = Dropout(0.5)
    def call(self, inputs):
        '''inputs 维度:[batch_size,max_seq_length]'''
        inputs_length = tf.math.reduce_sum(tf.cast(tf.math.not_equal(inputs, 0), dtype=tf.int32), axis=-1)
        # 自动计算每个 batch 的 seq_length,注意数据处理时 pad=0

        x = self.embedding(inputs)
        x = self.bilstm(x)

        x = self.dropout(x)
        logits = self.dense(x)

        return logits, inputs_length

    def loss(self, logits, targets, inputs_length):
        targets = tf.cast(targets, dtype=tf.int32)

        # 计算对数似然函数
        log_likelihood, _ = tfa_crf.crf_log_likelihood(logits, targets, inputs_length,
                        transition_params=self.transition_params)

        return log_likelihood, self.transition_params

    # 定义转移矩阵 transition_params
    def build(self, input_shape):
        shape = tf.TensorShape([self.num_tags, self.num_tags])
        self.transition_params = self.add_weight(name='transition_params', shape=shape, initializer=glorot_uniform, trainable=True)
        super(BiLSTMCRF, self).build(input_shape)
```

8.4.3　特征提取

在基于 Bi-LSTM-CRF 的词位标注汉语分词系统中,特征提取是非常重要的一步,能够直接影响模型的性能和效果。以下是特征提取时需要注意的几个方面:

1)特征的数量和质量

特征的数量和质量是特征提取的核心问题。特征过多或质量不高,会导致模型训练困难、效果不佳或者过拟合。因此,需要根据具体任务和数据来选择和优化特征,保证特征的数量和质量达到合适的水平。

2)特征的表示方式

特征的表示方式也非常重要。通常,特征可以使用 one-hot 编码、词嵌入等方法来表示。对于一些需要考虑上下文信息的特征,可以使用滑动窗口等方法来提取。需要注意的是,不同的表示方式可能会对模型的性能和效果产生不同的影响,需要根据具体情况来选择合适的表示方式。

3)特征的归一化

在使用特征之前,需要对特征进行归一化,以保证特征在数值上的范围相近,从而避免特征之间的比较出现偏差。通常可以使用 Z-score 归一化或者 Min-Max 归一化等方法来实现。

4)特征的选择

对于特征过多的情况,可以使用特征选择方法来选择最重要的特征。特征选择可以减少特征数量,提高模型的训练效率和预测性能。通常可以使用相关系数、卡方检验、信息增益等方法来进行特征选择。

8.4.4　模型训练

在基于 Bi-LSTM-CRF 的词位标注汉语分词系统中,模型训练是非常重要的一步,它决定了模型的性能和泛化能力。模型训练的设置涉及多个方面,包括模型架构、优化算法、超参数等,这些设置都需要根据具体任务和数据来进行选择和优化。

下面是一些常见的模型训练设置及其作用:

模型架构:Bi-LSTM-CRF 模型是目前在汉语分词任务中表现最好的模型之一,它通过双向 LSTM 网络来学习上下文信息,再使用 CRF 层来进行标注,可以解决汉语分词中存在歧义的问题。

优化算法:常用的优化算法包括随机梯度下降(SGD)、Adam、Adagrad 等,这些算法可以通过调整学习率、正则化系数等超参数来优化模型的训练效果。优化器大致效果为 Adagrad>Adam>RMSprop>SGD。

超参数:包括学习率、正则化系数、隐藏层维度、dropout 概率等,这些超参数的设置对模型的训练效果和泛化能力都有很大的影响。一般需要通过交叉验证等方法来进行调参。

数据增强:为了加强模型的泛化能力,可以采用数据增强的方法,比如随机删除、随机替换、随机插入等。这些方法可以扩大训练集,降低过拟合的风险。

预训练模型:可以使用已经训练好的模型来初始化模型参数,比如使用 Word2Vec 训练好的词向量来初始化 LSTM 层的参数。这样可以加速模型的训练,提高训练效果。

总之,模型训练的设置需要根据具体任务和数据进行调整和优化,以提高模型的准确性和泛化能力。

8.4.5　模型预测

基于 Bi-LSTM-CRF 的词位标注汉语分词系统,模型预测的作用非常重要。具体来说,模型预测是指在输入一段待分词的文本后,模型根据学习到的规律和特征,预测出每个字在分词结果中的词位,从而完成分词过程。模型预测的准确性决定了分词系统的整体性能和分词效果。

在基于 Bi-LSTM-CRF 的词位标注汉语分词系统中,双向长短期记忆网络用于提取字级别的特征表示,CRF 用于对标注序列进行全局优化,从而得到最优的标注序列。而模型预测则是通过将这些特征输入到训练好的模型中,得到每个字在分词结果中的词位,从而实现自动化分词。

在实际应用中,模型预测的准确性往往受到许多因素的影响,如语料库的质量、特征选取的合理性等。因此,为了提高分词系统的准确性,需要对模型进行优化和调参,以达到更好的性能表现。

8.5　小结

深度学习是关于自动学习要建模数据潜在(隐含)分布的多层(复杂)表达算法。换句话说,深度学习算法自动地提取分类需要的低层次或者高层次特征。本章首先简要介绍了循环神经网络,接着较详细地阐述了从 RNN 到长短期记忆网络的改进,然后给出了循环神经网络及其改进在自然语言处理领域的应用场景,最后给出了两个应用案例,一个是基于循环神经网络实现情感分析,另一个是基于双向长短期记忆网络实现词位标注汉语分词。

9

预训练语言模型与文本生成

基于迁移学习的思想,首先在大规模未标注数据集上预训练模型,然后在目标任务上进行微调后使用。这种方法可以显著减少需要标记数据的数量,并提高模型性能。近年来,以 GPT 和 BERT 为代表的基于大规模文本训练出的预训练语言模型(pre-trained language model, PLM)已成为主流的文本表示模型,这些模型在很多自然语言处理任务上取得了巨大成功。

9.1　预训练语言模型

预训练语言模型是指使用大规模语料库进行训练,然后在特定任务上进行微调的模型。随着大规模数据和计算技术的快速发展,预训练语言模型的发展得到了极大的推动。

9.1.1　相关概念

1)预训练的概念

预训练也叫作 pre-training,是迁移学习中很重要的一项技术,在自然语言处理中以词向量为主。我们一般可以用两种不同的方式来表示单词,一种方式为"one-hot encoding",另外一种方式为分布式表示(通常也叫作词向量/Word2Vec)。由于单词是所有文本的基础,所以如何去更好地表示单词变得尤其重要。预训练是为了让模型在见到特定任务数据之前,先通过学习大量通用数据来捕获广泛有用的特征,从而提升模型在目标任务上的表现和泛化能力。那如何去理解预训练呢?举个例子,比如我们用 BERT 训练了一套模型,而且已经得到了每个单词的词向量,那这时候我们可以直接把这些词向量用在我们的任务上,不用自己重新训练,这就类似于迁移学习的概念。

2)微调的概念

尽管预训练模型已经在大规模数据集上学到了丰富的通用特征和先验知识,但这些特征和知识可能并不完全适用于特定的目标任务。微调通过在目标任务的少量标注数据上进一步训练预训练模型,使模型能够学习到与目标任务相关的特定特征和规律,从而更好地适应新任务。微调一般有如下四个步骤:

(1)在源数据集上预训练一个神经网络模型,即源模型。

(2)创建一个新的神经网络模型,即目标模型。它复制了源模型上除了输出层外的所有模型设计及其参数。我们假设这些模型参数包含了源数据集上学习到的知识,且这些知识同样适用于目标数据集。我们还假设源模型的输出层跟源数据集的标签紧密相关,因此在目标模型中不予采用。

(3)为目标模型添加一个输出大小为目标数据集类别个数的输出层,并随机初始化该层的模型参数。

(4)在目标数据集(例如椅子数据集)上训练目标模型。我们将从头训练输出层,而其余层的参数都是基于源模型的参数微调得到的。

9.1.2 预训练语言模型的发展历程

自然语言处理的预训练语言模型是近几年来自然语言处理领域的重大进展之一。以下是预训练语言模型发展历程的详细描述。

预训练语言模型的发展历程可以归纳为以下几个阶段:基于 Word Embedding 的模型的出现、基于 Transformer 的模型的出现、大规模预训练语言模型的出现和从预训练到迁移学习。这些阶段相互交织,不断推动着自然语言处理技术的发展,使得预训练语言模型成为自然语言处理领域最受关注和使用最多的技术之一。

1)基于 Word Embedding 的模型的出现

在这个阶段,基于分布式词向量(Word Embedding)的模型开始流行。其中,Word2Vec 是最早的词向量算法之一,使用简单的神经网络学习单词的分布式表示。随着时间的推移,基于 Word Embedding 的模型得到了改进和扩展。FastText 通过学习每个单词的子词来表示单词,从而能够更好地处理未知单词。GloVe 通过在语料库中对共现矩阵进行分解来学习单词表示。这些模型奠定了预训练语言模型的基础,但它们只能捕捉到单词级别的信息,不能捕捉到更高级别的语义信息。

2)基于 Transformer 的模型的出现

Transformer 是一种使用自注意力机理的神经网络结构,由 Google 在 2017 年提出,它可以并行计算,并且适用于序列到序列的任务。在这个阶段,研究人员开始使用 Transformer 来构建更复杂的 NLP 模型,例如在机器翻译和阅读理解等任务中。其中最著名的就是 Google 的 BERT(bidirectional encoder representations from transformers),该模型使用 Transformer 作为编码器,以一种无监督的方式对大量文本进行预训练,然后可以微调到各种 NLP 任务中。BERT 的成功表明,预训练语言模型可以捕捉语言的深层次语义信息。

3)大规模预训练语言模型的出现

在这个阶段,大规模预训练语言模型开始受到越来越多的关注。例如,OpenAI 的 GPT 模型使用 Transformer 作为解码器,在大规模文本数据上进行了训练。GPT 模型可以自动生成连续文本,并在多种 NLP 任务中表现出色。BERT 和 GPT 的成功表明,预训练语言模型是 NLP 的重要应用方向之一。

4)从预训练到迁移学习

在这个阶段,预训练语言模型的重点开始转向迁移学习。例如,Facebook 提出了 XLM-R,这是一个可以在多种语言之间迁移的预训练语言模型。Google 的 T5 则使用一个通用的输入格式和输出格式,在各种 NLP 任务中进行微调,这样可以大大简化任务的设计和完成。此外,研究人员还在探索如何将预训练语言模型与其他技术(如图像和语音)相结合,以构建更具普适性和可迁移性的模型。

9.1.3 GPT-2 预训练语言模型

1)GPT-2 模型简介

GPT-2 是一个基于 Transformer 的预训练语言模型,由 OpenAI 在 2019 年发布。它是 GPT 系列模型的第二代,相比于第一代模型 GPT-1,GPT-2 使用更大的数据集和更深的网络结构,具有更强的语言生成能力和泛化能力。

GPT-2 模型的预训练任务是通过单向语言模型的学习,预测给定输入序列中下一个词的概率。与前代模型不同的是,GPT-2 采用了无监督的方式进行预训练,即没有使用人工标注的标签或其他任务的辅助信息,而是使用了互联网上收集的大量文本数据。

GPT-2 模型的架构基于 Transformer 网络架构,其结构示意图见图 9-1,它是一种基于自注意力机理的深度神经网络。Transformer 将输入序列中的每个词作为一个向量输

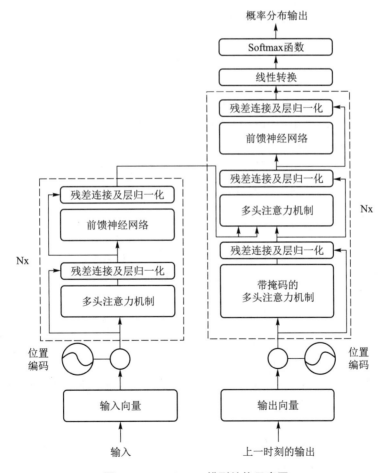

图 9-1 Transformer 模型结构示意图

入到网络中,然后使用自注意力机理对词向量进行编码和解码,从而学习到输入序列的潜在表示。GPT-2 模型的网络结构包括多个 Transformer 块,每个块包括多头注意力机理和全连接层,其中多头注意力机理可以提取输入序列中不同位置的信息,全连接层可以将注意力机理提取的信息进行加权和,得到更全面的序列表示。

2)GPT-2 模型结构

GPT-2 的模型结构基于 Transformer,是一种基于自注意力的深度神经网络。GPT-2 模型结构见图 9-2,每个块由以下几个部分组成。

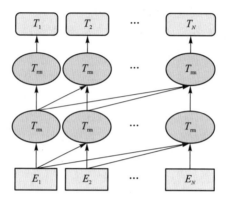

图 9-2　GPT-2 模型结构示意图

(1)输入嵌入(input embedding)

将输入序列中的每个词转换为固定长度的向量表示,在 GPT-2 中,输入嵌入使用了基于位置的编码和词向量相加的方法,将输入序列中每个位置的词向量与其在序列中的位置信息相加得到输入向量。

(2)多头自注意力(multi-head self-attention)

通过多个注意力头对输入序列进行注意力计算。每个注意力头都可以关注输入序列中的不同位置,并学习到不同的特征表示。

(3)前馈神经网络(feedforward neural network)

通过全连接层对多头注意力机理得到的特征表示进行变换和合并。这个层通常包括两个线性变换和一个非线性激活函数,例如 ReLU。

(4)层归一化(layer normalization)

对每个 Transformer 块的输出进行归一化,减少模型的内部协变量偏移,增强模型的鲁棒性和加快模型的训练速度。

(5)残差连接(residual connection)

将输入向量和变换后的特征表示做加权和,从而保留输入向量中的原始信息,同时允许特征表示逐步地适应输入序列。

(6)dropout 正则化

对每个 Transformer 块的输出进行随机抑制,减小过拟合的风险,增强模型的泛化能力。

在 GPT-2 中,这些 Transformer 块可以堆叠在一起,形成深层的神经网络。模型的最终输出是一个预测下一个词的概率分布。模型的预训练任务是通过单向语言模型学习,即预测给定输入序列中下一个词的概率。

3）GPT-2 的训练方法和生成策略

（1）训练方法

GPT-2 的训练方法是通过单向语言模型进行预训练。训练数据集是互联网上收集的大量文本数据，包括维基百科、新闻、小说等。具体训练方法如下：

对于输入序列中的每个词，将其转换为固定长度的向量表示，例如使用词向量。

将向量表示输入到 GPT-2 模型中，模型将对输入序列进行编码，并输出下一个词的概率分布。

使用交叉熵损失函数计算模型的预测结果与真实结果之间的差异，并使用反向传播算法更新模型参数。

重复以上步骤，直到模型收敛或达到预定的训练次数。

在预训练过程中，GPT-2 使用了无监督的方式进行训练，即没有使用人工标注的标签或其他任务的辅助信息。这使得 GPT-2 可以学习到语言中的一些共性、规律和上下文关系，从而提高了其在各种自然语言处理任务上的表现。

（2）生成策略

GPT-2 模型的生成策略主要包括以下几个方面：

自回归语言建模：GPT-2 采用自回归语言模型，其目标是最大化给定文本序列上的条件概率。在训练过程中，GPT-2 学习预测下一个词的概率分布，从而能够生成自然的文本序列。

Transformer 架构：GPT-2 采用了 Transformer 架构，该架构具有多头自注意力机理和位置前馈神经网络（position-wise feed-forward network），可捕捉长距离依赖关系，提高生成质量。

生成策略：在文本生成任务中，通常有多种策略可选择，如贪婪搜索、集束搜索、Top-K 采样和 Top-P 采样等。它们在生成过程中对于单词的选择具有不同的权衡，影响生成文本的多样性和连贯性。

① 集束搜索：每次选择概率最高的 K 个词作为候选项，扩展生成路径并保留最佳路径。集束搜索可在一定程度上平衡生成文本的多样性和连贯性，但计算复杂度较高。

② 贪婪搜索：每次选择概率最高的词作为下一个词，直到生成结束符或达到最大长度。这种方法生成的文本通常较为连贯，但可能缺乏多样性。

③ Top-K 采样：每次从概率最高的前 K 个词中随机选择一个作为下一个词。Top-K 采样引入了随机性，可以提高生成文本的多样性，但可能影响连贯性。

④ Top-P 采样：设定一个概率阈值 P，每次从累计概率大于 P 的词中随机选择一个作为下一个词。这种方法可以动态调整采样空间，进一步提高生成文本的多样性。

温度调节：在生成策略中，可以通过温度参数（temperature）来调节模型的生成风格。较高的温度会让模型倾向于选择低概率的词，从而提高生成文本的多样性；较低的温度则使模型倾向于选择高概率的词，生成的文本更连贯但可能缺乏创造力。

9.2　文本生成概述

随着人工智能的快速发展，人们期待计算机在更多的领域取代人工，例如，希望有一天计算机能够具备像人类一样的写作能力，能够撰写出高质量的文本，代替记者实现新闻报道的自动生成，代替金融数据分析人员进行金融数据的分析和实现报告的自动生成，代替客服人员实现客户咨询对话的自动生成与回复，甚至代替作家进行文学作品的创作。在这样的背景下，近年来，自然语言生成（natural language generation，NLG）成为人工智能和自然语言处理领域备受关注的研究方向。自然语言生成是指从给定输入信息（可以没有输入信息）自动生成满足特定约束条件自然语言文本的过程，自然语言生成也称文本生成（text generation），是智能写作重要的技术基础。

9.2.1　文本生成简介

语言与文字是人类文明几千年来发展的产物，在人类社会交流中起到了不可替代的作用。自然语言处理作为人类语言研究的分支领域，自人工智能诞生起就受到了学术界的广泛关注。随着近几年来深度学习的兴起，自然语言处理在许多应用领域取得了很好的发展。基于深度神经网络的自然语言处理模型，在性能上远超传统基于规则和机器学习的方法。

自然语言生成是自然语言处理领域的一个重要分支，主要关注将结构化数据或非结构化信息转化为自然语言文本的过程。通过自然语言生成技术，计算机能够自动编写新闻、撰写报告、生成摘要、回答问题、编写故事等。自然语言生成在众多场景中具有很高的应用价值，如智能对话系统、知识图谱可视化、数据分析报告等。

自然语言生成的研究可以分为两个主要阶段：基于规则的方法和基于数据驱动的方法。

1）基于规则的方法

在这个阶段，研究者们通过设计特定的语法规则和模板来生成文本。这种方法的优点是可以保证生成文本在语法和逻辑上的正确性，但缺点是需要大量的人工设计和维护工作，且生成的文本通常缺乏多样性和自然性。

2）基于数据驱动的方法

随着机器学习和深度学习技术的发展，自然语言生成开始采用基于数据驱动的方法。这种方法通过在大量文本数据上训练模型，自动学习语言的规律和结构。基于数据驱动的方法克服了基于规则方法的局限性，能够生成更自然、更多样化的文本。

在基于数据驱动的方法中，深度学习技术尤为重要。循环神经网络和长短时记忆网络在序列生成任务中取得了显著的成果。此外，注意力机理（Attention）的引入进一步提升了模型在长文本生成任务中的性能。

近年来，预训练语言模型在自然语言生成领域取得了突破性进展，如 GPT 系列和 BERT 系列等。这些模型通过在大量无标注文本数据上进行无监督预训练，学习到丰富的语言知识和语义表示。在预训练语言模型的基础上,研究者们可以通过微调的方法,快速将模型迁移到特定的生成任务上,降低训练难度和成本。

尽管自然语言生成技术在很多方面取得了显著成果,但仍面临一些挑战,如生成文本的一致性、可解释性和多样性等。未来的研究将继续探索更高效的训练方法、更精确的语言表示和更先进的生成策略,以应对这些挑战。

总之,自然语言生成作为自然语言处理领域的一个核心技术,将继续引领人工智能研究的创新和发展。随着技术的不断进步,自然语言生成将在未来给人类社会的各个领域带来更大的便利和价值。

9.2.2　相关研究工作

1)国外相关研究

在国外,基于预训练语言模型的文本生成领域已经取得了很多显著的进展。自深度学习技术兴起,尤其是自注意力机理(Self-Attention)和 Transformer 架构出现,预训练语言模型的规模和性能得到了极大的提高。一些知名的预训练语言模型,如 OpenAI 的 GPT 系列、Google 的 BERT 和 T5,以及 Facebook 的 RoBERTa 等,在各种自然语言处理任务中表现出色,特别是在文本生成中。这些模型的一个显著特点是能够在零样本或少样本条件下完成各种任务。

GPT-3 是一个典型的例子,通过大规模的预训练,它可以直接处理各种任务,无须进行微调。同时,少样本学习关注如何利用有限的标注数据在预训练语言模型上进行微调。这使得预训练语言模型在自然语言处理任务中的应用变得更加广泛,例如情感分析、文本摘要、问答系统等。

为了更好地控制文本生成过程,研究者们提出了各种方法。例如,通过调整模型的温度参数来控制生成文本的多样性,通过引入嵌入概率约束生成的文本内容,或者使用强化学习等技术引导模型生成满足特定目标的文本。这使得文本生成的应用场景变得更加丰富,包括创意写作、新闻生成、广告文案创作等。

同时,研究者们还在探索如何提高预训练语言模型的可解释性,以便更好地理解模型的行为和决策过程。此外,可靠性和安全性也成为当前研究的重点。一方面,通过对抗性训练、生成对抗网络等方法提高模型的抗干扰能力;另一方面,研究如何降低模型的偏见和歧视现象,以便让人工智能技术更加公平、透明和可靠。

在文本生成的基础上,研究者们还在探索如何将多种类型的信息整合到生成过程中,例如图像、视频和音频等。这方面的代表性工作包括 DALL-E,它能够根据文本提示生成具有高度创意和相关性的图像。类似的研究还包括将视频和音频信息整合到文本生成中,以实现多模态的生成任务,如根据视频生成描述性文字、从音频生成对应的文本内容等。这些研究使得自然语言处理技术的应用领域得到了进一步的拓展,为多媒体内容的智能处理提供了有效的技术手段。

与此同时,跨语言模型也成为当前研究的热点。研究者们正在探索如何训练跨多种语言的预训练语言模型,以实现语言之间的无缝转换。这样的模型有望为机器翻译、跨语言文本生成、多语言对话系统等任务带来更好的性能。一些具有代表性的跨语言预训练语言模型包括 Facebook 的 XLM-R 和 Google 的 T5 等。

此外,研究者们还在尝试使用预训练语言模型来解决一些具有挑战性的自然语言处理问题,如长文本生成、事件和因果关系抽取、知识图谱构建等。这些问题的解决将进一步推动自然语言处理技术在各个领域的应用,为智能化信息处理提供更强大的支持。

虽然目前基于预训练语言模型的文本生成领域已经取得了很多显著成果,但仍然面临着许多挑战。例如,如何在保证生成质量的同时降低计算成本,以便让更多的用户和企业能够使用这些模型;如何在生成过程中保护用户隐私,防止模型泄露敏感信息;以及如何提高模型的鲁棒性,使其在面对恶意输入或攻击时仍能保持良好的性能等。研究者们正在积极寻找解决这些问题的方法,以使基于预训练语言模型的文本生成技术更加完善和实用。

2)国内相关研究

在国内,基于预训练语言模型的文本生成领域同样取得了显著的进展。许多知名的高校和研究机构,如清华大学、北京大学、中国科学院等,都在这一领域开展了广泛的研究。同时,众多企业也积极参与其中,如阿里巴巴、腾讯、百度、字节跳动、深度探索等,这些公司不仅在自然语言处理技术上进行了深入研究,还将其应用到了众多实际场景。

在预训练语言模型方面,中国研究者和企业也推出了一系列有影响力的模型,例如,百度推出了 ERNIE 系列模型,腾讯推出了腾讯大规模预训练语言模型。这些模型在多种自然语言处理任务中表现优秀,特别是在中文文本生成方面。这些模型的出现进一步丰富了自然语言处理技术的应用场景,例如情感分析、文本摘要、机器翻译等。

国内研究者在探索文本生成过程中的控制方法方面也取得了很多成果。例如,通过引入不同的约束条件,如长度限制、主题限制等,来生成满足特定需求的文本。这使得文本生成技术在创意写作、广告文案、新闻生成等领域得到了广泛的应用。同时,国内研究者也在关注如何提高预训练语言模型的可解释性,以便更好地理解和优化模型的行为和决策过程。

在跨模态研究方面,国内研究者也在尝试将文本生成与其他类型的信息整合,如图像、视频和音频等。这些研究为多媒体内容的智能处理提供了有效的技术手段,并进一步拓展了自然语言处理技术的应用领域。例如,通过将图像或视频信息整合到文本生成过程中,可以实现更丰富的内容创作,如根据图像生成描述性文字、从视频中提取关键信息生成文本摘要等。这些研究为智能新闻编辑、社交媒体内容生成等领域带来了新的可能。

在跨语言模型方面,国内研究者也在探索如何训练支持多种语言的预训练语言模型,以实现无缝的语言转换。这些模型有望为机器翻译、跨语言文本生成、多语言对话系统等任务带来更好的性能。随着全球化的不断发展,跨语言模型在促进国际交流和合作方面的重要性日益凸显。

总之,国内在基于预训练语言模型的文本生成领域已取得了丰富的成果,为未来自然语言处理技术的发展奠定了坚实的基础。从早期的基于规则的系统到现代的基于深度学习的模型,自然语言处理领域在国内也取得了飞速发展。预计随着技术的不断进步,基于预训练语言模型的文本生成将在更多领域得到广泛应用,为人们的生活和工作带来更多便利和创新。

9.3　基于 GPT-2 的中文文本生成

本节将详细阐述基于 GPT-2 模型在特定领域中文文本生成过程。通过微调 GPT-2,研究其在生成古诗、体育新闻和教育内容等特定领域中文文本的能力。实验结果表明,微调后的 GPT-2 模型能捕捉到下游任务具体领域的特性和风格,生成的文本内容流畅,可读性强。此外,该模型在执行不同类型任务时,展现出了较强的适应性和灵活性。

9.3.1　数据准备和数据预处理

1) 数据收集

为了完成中文文本生成任务,我们需要适量的语料来微调预训练语言模型 GPT-2,确保数据量足够大且质量高。因为具体任务是通过一句话生成与某些领域相关的一段新闻和根据给出的第一句话生成固定长度的古诗,所以我们需要不同领域的文本语料。因此,选择使用了 THUCNews 新闻数据集和古诗数据集。

THUCNews 新闻数据集是由不同领域的新闻文本组成,与所要实现的任务相匹配。在该新闻数据集中选择了教育、体育以及股票这三个领域的新闻数据集对预训练语言模型 GPT-2 进行微调。其中,古诗数据集包含了唐宋元明清等各个朝代的古诗。

2) 数据预处理

数据预处理的操作主要包括以下步骤:

数据清洗:去除数据中的无关内容、广告、重复文本等,以保证训练数据的质量。还需要处理特殊字符、标点符号、空白字符等,以便数据更加规范。

分词:将文本数据分割成词汇或子词单元。中文分词可以采用词汇分割或基于字的分割。根据任务需要,采用基于字的分割可以直接将文本切分为单个汉字。

构建词汇表:统计语料库中的词汇,建立词汇表。词汇表的大小取决于任务需求和计算资源。可以设定一个最小词频阈值,将低频词汇从词汇表中剔除。

文本编码:将文本数据转换为模型可以理解的数字表示。这通常包括将词汇转换为词汇表中的索引。

构建训练数据:将处理好的文本数据划分为训练集、验证集和测试集。根据任务需求生成输入和输出对,例如输入为第一句话,输出为第二句话的一部分,长度固定。将这些对分为训练集、验证集和测试集。

9.3.2　GPT-2 模型微调过程

1) 加载预训练语言模型和分词器

使用 Hugging Face 的 Transformers 库导入预训练的 GPT-2 模型和对应的分词器,根据任务需求去选择适合的中文 GPT-2 模型和分词器。

分词器(tokenizer)是自然语言处理中的一个关键组件,负责将文本切分成可以被模型处理的单元,例如单词、子词或字符。在训练 NLP 模型时,通常会先创建一个分词器来处理数据,然后用相同的分词器处理输入文本以获得一致的结果。创建分词器的过程通常包括以下步骤:

选择分词策略:根据任务需求和语言特点,选择合适的分词策略。常见的分词策略有基于规则的分词、基于统计的分词,以及基于神经网络的分词。

创建词汇表:从训练数据中提取出现频率较高的词汇,组成词汇表。词汇表的大小可根据需要进行调整,但需要平衡模型复杂度和覆盖范围。

对文本进行切分:利用分词策略和词汇表,将原始文本切分成单词、子词或字符等形式。分词后的文本将作为模型的输入。

转换为数字表示:将分词后的文本转换为数字表示(通常是整数序列)。这样的转换使得模型能够处理文本数据,因为神经网络只能处理数值型数据。

本次任务中用到的分词器针对中文语料库进行了优化。由于中文没有明确的单词分隔符,这个分词器采用了基于子词的分词策略,如 BPE 或 SentencePiece 等。这些策略能有效地处理中文文本,同时保持较高的词汇覆盖率和较低的计算复杂度。

总之,创建分词器的过程包括选择分词策略、创建词汇表、对文本进行切分和转换为数字表示。针对不同任务和语言,可能需要采用不同的分词策略和词汇表大小。

2) 微调模型

在使用数据集对预训练语言模型 GPT-2 进行微调时应遵循以下步骤:

设定训练参数:根据硬件资源和任务需求设定训练参数,如学习率、批次大小、训练轮数、梯度累计等。

构建训练与评估数据集:使用预处理后的训练集和验证集,构建用于微调的数据集。通常,需要将文本转换为适合模型输入的数据格式。

设定优化器和损失函数:选择合适的优化器(如 Adam、AdamW 等)和损失函数(如交叉熵损失)来进行模型训练。

训练与验证:循环进行以下操作,直到达到预设的训练轮数或满足早停条件。

① 前向传播:将输入数据送入模型,进行前向传播计算,得到输出结果。

② 计算损失:根据模型输出和目标输出计算损失函数值。

③ 反向传播与参数更新:通过损失函数值计算各参数梯度,并执行梯度下降更新参数。

④ 验证与评估:每隔一定的训练步数,在验证集上评估模型性能。根据需要,可以采用困惑度(perplexity,PPL)、准确率(accuracy)等指标来衡量生成任务的性能。

其中,在微调的过程中也使用到了学习率预热这种优化策略。学习率预热是指在训练神经网络时,在最初的几个 epoch 中逐渐增大学习率,使网络更快地收敛到最优解。它有助于避免由于初始学习率太小而导致网络收敛缓慢的问题。在训练神经网络时,学习率是一个非常重要的超参数,它控制着每一次参数更新幅度。如果学习率过大,模型可能会发散,导致训练失败。如果学习率过小,模型可能需要很长时间才能收敛到最优解。学习率预热的作用就是在训练的开始阶段逐渐增大学习率,使得模型能够更快地接近最优解,同时避免学习率过大导致的训练失败。通常,学习率预热的持续时间占整个训练过程的比例不会很高,通常在训练的前 5%～20%的时间内进行。预热期间的学习率增大通常是线性的,也可以使用其他函数来增大,具体取决于训练的具体任务和模型,本次任务使用的就是线性的。

因为做实验的硬件设备资源有限,所以在训练过程中,可以采用以下方法来解决硬件设备资源有限,特别是显卡显存不足的问题:

调整批次大小:减小批次大小可以降低每次迭代所需的显存消耗,但是过小的批次大小可能导致梯度更新不稳定,因此需要权衡。

使用梯度累计:梯度累计是指在多个小批次上累计梯度,然后进行一次参数更新。这样可以在保持有效批次大小不变的情况下,减少每次迭代的显存消耗。

模型剪枝:模型剪枝是一种模型压缩技术,通过移除模型中不重要的参数或神经元来降低模型复杂度。剪枝后的模型需要较少的计算资源和显存,且运行速度更快。

调整优化器:有些优化器会为每个参数分配额外的显存,用于存储梯度历史信息。选择不需要额外显存的优化器,如使用较少显存的 AdamW,可以减少显存消耗。

在实际实验中,需要根据任务需求和硬件条件进行权衡选择,以达到最好的训练效果。

3)保存模型

在训练过程中或训练结束后,将微调过的模型参数保存到磁盘,以便后续使用。在机器学习和深度学习中,保存训练完的模型是非常重要的。保存模型的主要好处如下:

节省时间和计算资源:模型训练通常需要花费大量的时间和计算资源。如果每次使用模型时都要重新训练,将会浪费大量的时间和计算资源。保存训练完的模型可以避免这种浪费,因为我们可以在需要使用模型时直接加载已经训练好的模型,而不需要重新训练。

便于部署和分享:保存训练完的模型可以使模型更易于部署和分享。一旦模型被保存为文件,就可以将其移植到其他计算机或设备上,并在其他项目或团队中重复使用。这种重复使用可以节省时间和资源,并提高生产效率。

避免过度拟合:在训练神经网络时,通常会遇到过度拟合的问题。过度拟合是指模型过度适应训练数据,导致在测试数据上的表现很差。保存训练完的模型可以避免这个问题,因为我们可以在训练时保存每个 epoch 的最佳模型,并在测试时使用这些模型进行比较,选择表现最好的模型。

模型调试和改进:保存训练完的模型可以帮助我们更好地了解模型的行为和性能。我们可以使用保存的模型进行调试和改进,比如尝试新的超参数组合、优化算法或模型架构,以提高模型的性能。

总的来说,保存训练过程中的或训练结束后的模型是非常重要的,可以节省时间和资源,并帮助我们更好地理解和优化模型。

9.3.3 文本生成实验设置

完成本次任务用的 PyTorch 框架,所需要的环境以及库版本如下:Python(3.9.16)、

pandas（1.5.3）、torch（2.0.0+cu118）、torchvision（0.15.1+cu118）、transformers（4.26.1）等。

根据完成中文文本生成任务的实际硬件资源和任务需求，设置参数如下：

构建数据加载器：先用 pandas 读取保存的预处理过的数据，并用 torch 构建数据集 dataset 和数据加载器 dataloder。其中 dataloder 的 batch_size 设置为 8；collate_fn 的方法需要把每一个样本的标签设置的和输入编码一样；shufflel 设置为 True；drop_last 设置为 True。

加载预训练语言模型：使用 Huggingfac 的 Transformers 库来加载一个预训练的自回归语言模型。Transformers 库提供一个名为 AutoModelForCausalLM 的类并使用静态方法 from_pretrained，用来从预训练的"uer/gpt2-chinese-cluecorpussmall"模型加载适用的自回归语言模型。该预训练的 GPT-2 模型是针对中文数据进行训练，模型来源于 CLUE（Chinese Language Understanding Evaluation）项目，使用了语料库 CLUECorpusSmall 进行预训练。

加载分词器：使用 Huggingfac 的 Transformers 库来加载一个预训练的分词器。Transformer 库提供一个名为 AutoTokenizer 的类并使用静态方法 from_pretrained，用从预训练的"uer/gpt2-chinese-cluecorpussmall"模型中加载和预训练语言模型 GPT-2 相搭配的分词器。加载完成后，可以使用这个分词器将输入的中文文本切分成适合模型处理的形式，然后再输入到对应的预训练语言模型中进行推理。

优化器：优化器使用的是 AdamW，初始学习率设置为 5e-5。

使用学习率预热：从 transformers 库调用 get_scheduler 方法实现学习率预热，参数设置为 name = "linear"、num_warmup_steps = 0、num_training_steps = len（loader）、optimizer = AdamW。

9.3.4　文本生成实验结果

本次实验基于 GPT-2 实现中文文本生成，选择了古诗、体育、教育以及股票四个领域的数据集来微调模型，其任务是根据输入文本和生成类型的选择来输出结果，如果选择的是古诗类型，则会根据输入文本和输出古诗长度来生成诗句。如果选择了体育、教育以及股票类型，则会根据输入文本和输出文本长度来生成一段相关领域的新闻文本。下面是各个生成类型的实验结果。

1）古诗生成

如图 9-3 所示，选择的生成类型是"古诗生成"，输入文本是"春光明媚"。因为是生成古诗，所以不用设置输出文本的长度，而是设置输出古诗长度的行、列的值，这里选择的是 4 行 5 列。参数设置好后点击"开始生成"，系统就会选择由古诗微调的模型来生成诗句，输出结果为："春光明媚照，芳意荡馀晖。月色随香远，莺声入梦迟"。

2）体育新闻文本生成

如图 9-4 所示，选择的生成类型是"体育相关"，输入文本是"今天真幸运"。输出文本长度设置为 100。点击"开始生成"，系统会调用对应数据集微调后的模型来生成体育新闻文本，输出结果如图 9-4 所示。

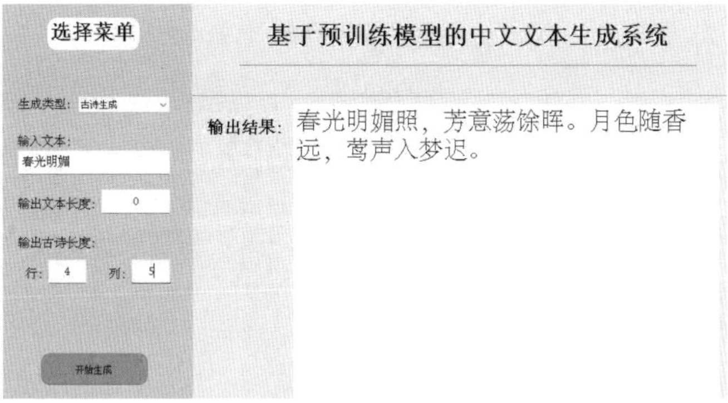

图 9-3 古诗生成的实验结果

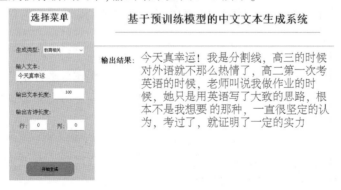

图 9-4 体育新闻文本生成的实验结果

3）教育新闻文本生成

首先选择生成类型为"教育相关"，输入本文和输出文本长度的参数与体育新闻文本生成设置的一样，参数设置好后，点击"开始生成"，系统就会选择由教育相关的新闻数据集微调的模型生成教育新闻文本，输出结果如图9-5所示。

图 9-5 教育新闻文本生成的实验结果

4）股票新闻文本生成

如图 9-6 所示，选择的生成类型是"股票相关"，输入本文和输出文本长度与体育新闻文本生成设置的一样，然后点击"开始生成"，系统就会选择由股票相关的新闻数据集微调的模型来生成股票新闻文本，输出结果如图 9-6 所示。

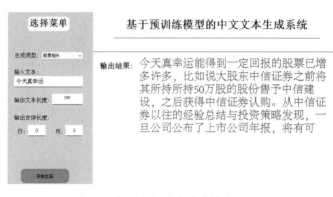

图 9-6 股票新闻文本生成的实验结果

9.3.5 文本生成结果评估

本实验采用人工评估的方法对生成的文本进行质量评估。人工评估是一种直接、灵活且可靠的评价方法,它可以捕捉生成文本的复杂性、创新性和语义精度等方面的质量特征。人工评估由经过培训的评估者完成,他们会阅读并评价生成的文本。这些评估者可以是专家,也可以是普通的语言使用者,取决于评估的目标和需求。他们会根据一系列预定义的标准,如语法正确性、逻辑连贯性、信息准确性等,来打分或将生成的文本进行排序。不同于 BLEU 等自动评估方法,人工评估能够理解并评价生成文本的深层含义和细微之处。例如,单词的选择和排列可能在语法和形式上是正确的,但在特定的上下文中可能并不恰当。只有人工评估才能捕捉到这些问题。此外,人工评估也能够赞赏和奖励创新性。如果生成的文本包含新的、原创的想法或表达方式,人工评估通常能够辨认并赞赏这些,而自动评估方法可能会因为无法在参考文本中找到匹配而低估这些创新性。然而,人工评估也有其挑战和限制。首先,它需要大量的人力和时间,特别是在大规模的实验中。其次,人工评估的结果可能受到评估者的主观性和一致性的影响。为了克服这些挑战,通常需要采取一些策略,如使用多个评估者,提供详细的评估指南,以及进行适当的统计分析。

1)生成古诗的结果评估

对于生成古诗的结果,这四句诗表达了春天的美丽景色和迷人氛围,形象生动。这四句诗遵循了五言绝句的格式,每句五个字,较为规范。但是从古典诗词的角度来看,这里存在以下一些问题:

押韵问题:在古典诗词中,押韵是非常重要的。这四句诗中,第二句"芳意荡馀晖"和第四句"莺声入梦迟"的"晖"和"迟"押韵,但韵脚并不十分规范。在五言绝句中,通常应该是第一、二句押韵,或者仅第二、四句押韵。

用词问题:虽然这四句诗表达了春天的美好,但在用词方面略显晦涩。例如,第二句中的"馀晖"并不常见,这个词在现代汉语中更多的是用"余晖"表示。此外,第三句"月色随香远"中,"月色"和"香"的关联并不十分明确。

表达问题:虽然这四句诗都在描绘春天的景色,但表达方式略显零散。前两句讲述了春光和芳意,后两句则描述了月色和莺声。这些描绘的景色虽然都是春天的元素,但它们之间的联系并没有被很好地展示出来。

2）生成新闻文本的结果评估

就生成不同主题文本内容的结果来看，生成的中文文本结果有一定的可读性，且与主题相关，说明系统能够针对不同主题（体育、教育和股票）生成相应的内容。生成的文本在语言表达上较为流畅，没有明显的语法错误，但是在细节和逻辑上还存在一些问题，以下是对这些生成文本的缺点的分析。

逻辑不清：生成的文本在逻辑上较为混乱，缺乏清晰的逻辑关系。例如，在体育相关的输出中，提到今年比赛只会比往年多5分钟，但没有解释原因。在教育相关的输出中，提到了分割线、高三、英语等词语，但整体逻辑不清。

信息不完整：生成的文本，很多信息都没有具体的背景和上下文。例如，在股票相关的输出中，提到了大股东、中信证券等，但没有给出具体的背景信息和上下文，使得读者难以理解。

专业术语和语境使用不当：在生成的文本中，有些专业术语和语境使用不当，例如，在教育相关的输出中，提到了"我是分割线"，这在实际语境中不太可能出现。

总之，虽然生成的中文文本在可读性和主题相关性方面有一定的优点，但在逻辑清晰度、信息完整性和专业术语使用方面仍存在问题。可以通过对模型的进一步微调和优化，提高生成文本的质量。

3）中文文本生成任务评估的挑战与应对策略

中文文本生成任务量化评估具有挑战性，原因包括中文是一种高度复杂的语言，拥有丰富的词汇和复杂的语法结构，这使得衡量生成文本质量变得更加困难。中文文本没有明确的词语分隔符，这使得分词成为一项具有挑战性的任务。由于许多评估指标依赖于分词结果，分词错误可能导致评估结果不准确。现有的自动评估指标，如 BLEU、ROUGE 等，主要关注生成文本与参考文本之间的字面相似度。然而，这些指标很难准确评估生成文本的语义质量，尤其是在涉及多种可能的表达方式和灵活的语言风格时。在自然语言生成任务中，通常需要在多样性和可读性之间进行权衡。生成文本可能在保持语义连贯性和语法正确性的同时，展现出不同的表达方式和创意。但是，现有的评估指标很难充分捕捉这种多样性，导致评估结果可能无法准确反映生成文本的真实质量。因此，本次任务中仅仅利用微调过程中的准确率和损失函数的值来评估模型。以用教育相关的新闻数据集来微调 GPT-2 模型过程中的准确率和损失值为例，本研究对模型训练过程中出现的某些情况进行深入探讨，试图揭示其背后的可能原因并提出相应的解决策略。

由图 9-7 可知，在训练的过程中，训练 1000 轮后准确率一直维持在 0.50~0.54 之间，可能有以下几个原因：

训练数据量和质量：如果训练数据量太小或者质量不高，模型可能无法从中学到足够的信息来提高准确率。这种情况下，需要更多高质量的训练数据。

任务本身的难度：本次任务的难度较高，可能导致模型难以达到较高的准确率，在验证时，因为不同的字就是不同的类别，所以模型的输出结果和标签的概率相差较大，从而导致准确率不高。

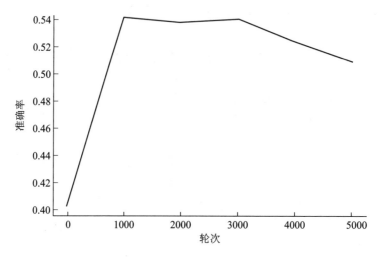

图 9-7　微调过程中的准确率

训练时间不足:如果训练时间不足,模型可能无法充分学习数据中的信息。可以尝试增加训练轮数或批次,以便模型有更多的机会学习。

由图 9-8 可知,在训练模型的过程中,在训练 0~1000 次这个区间内,损失函数的值明显下降,但是在 1000 次之后,损失函数的值就在 2.0 上下浮动,但是仍有缓慢下降的趋势。损失函数的值一直维持在 2.0 左右可能与以下几点有关:

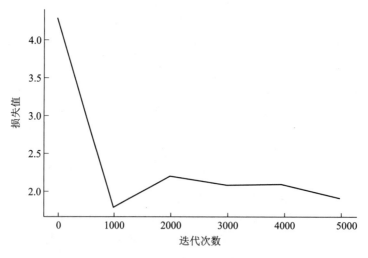

图 9-8　微调过程中损失函数的值

数据清洗不彻底:微调训练数据集可能存在错误的标注、异常值等问题,这些问题可能会影响模型的性能。

超参数选择不当:超参数是模型训练过程中需要手动调整的参数,比如学习率、正则化系数等。如果选择不当,可能会导致模型无法很好地学习,从而导致损失函数的值一直维持在 2.0 左右。可以尝试使用不同的超参数组合,并通过交叉验证等方法来评估不同超参数组合的效果。

过拟合:过拟合是指模型在训练数据上表现很好,但在测试数据上表现较差的现象。如果微调训练过程中出现过拟合,可能是因为模型过于复杂,或者微调训练数据集过小等。可以尝试使用正则化技术或者对模型进行剪枝,以减少过拟合的问题。

误差传递不充分:微调训练过程中,模型的误差可能无法很好地传递到每层和神经元中,从而导致模型无法很好地学习。可以尝试使用不同的激活函数或者改变模型的结构,以提高误差传递的效果。

9.4 小结

本章以预训练语言模型 GPT-2 为基础,探讨了在中文文本生成任务中,通过微调古诗集、体育新闻集、教育新闻集和股票新闻集等多种不同类型的数据集,来提高模型在各领域的生成能力。首先简要介绍了预训练语言模型的相关概念、发展历程和 GPT-2 模型,接着对文本生成进行了概述。然后分析了如何利用 Hugging Face 提供的预训练语言模型进行模型微调。最后根据实验的结果和分析,探讨了生成文本在可读性、语言流畅度、主题相关性等方面的优点,同时指出了生成文本在逻辑清晰度、信息完整度和专业术语使用方面的不足,这些缺陷可能会影响到生成文本的质量和实用性,有待今后进一步研究改进。

参考文献

[1]宗成庆. 统计自然语言处理[M].2 版.北京:清华大学出版社,2013.

[2]陈晨. 基于 BERT 模型和条件随机场的中文分词研究分析[D]. 兰州:兰州大学, 2020.

[3]冯岭,谢世博,刘斌.基于多层感知机的技术创新人才发现方法[J].计算机应用与软件,2019,36(7):26-32.

[4]常芳玉,才智杰. 一种基于八词位标签的 BiLSTM_CRF 的藏文分词方法[J]. 中文信息学报,2024,38(10): 64-70,79.

[5]徐浩煜,任智慧,施俊,等.基于链式条件随机场的中文分词改进方法[J].计算机应用与软件,2016,33(12):211-213,233.

[6]王星,于丽美,陈吉.融合字根信息的卷积神经网络中文分词方法[J].小型微型计算机系统,2022,43(2):271-277.

[7]王健,殷旭,吕学强,等. 基于 CRFs 的专利文献领域术语抽取方法[J].计算机工程与设计,2019,40(1):279-284.

[8]程玉虎,仝瑶瑶,王雪松.类相关性影响可变选择性贝叶斯分类器[J].电子学报,2011, 39 (7):1628-1633.

[9]王双成,杜瑞杰,刘颖.连续属性完全贝叶斯分类器的学习与优化[J].计算机学报,2012, 35 (10):2129-2138.

[10]王中锋,王志海.基于条件对数似然函数导数的贝叶斯网络分类器优化算法[J].计算机学报,2012,35(2):364-374.

[11]邸鹏,段利国.一种新型朴素贝叶斯文本分类算法[J].数据采集与处理,2014,29(1):71-75.

[12]周晓辉. 基于隐式马尔可夫模型的法律命名实体识别模型的设计与应用[D].广州:华南理工大学, 2017.

[13]王晨.基于隐马尔可夫模型的股票价格指数预测[D].济南:山东大学,2018.

[14]何亚楠.基于马尔可夫模型的出行目的地预测[D].长春:吉林大学,2017.

[15]董跃华,邓文龙.基于 BP-HMM 的词性标注方法的研究[J]. 计算机工程与设计,2014, 35(4):1424-1428.

[16]杨荣根,杨忠.基于 HMM 中文词性标注研究[J].金陵科技学院学报, 2017, 33(1):20-23.

[17]张宇. 基于树形条件随机场的高阶句法分析[D]. 苏州:苏州大学, 2021.

[18]陈飞,刘奕群,魏超,等.基于条件随机场方法的开放领域新词发现[J].软件学报,2013,24(5):1051-1060.

[19]宋毅君,王瑞波,李济洪,等.基于条件随机场的汉语框架语义角色自动标注[J].中文

信息学报,2014,28(3):36-47.

[20]陈怡疆,徐海波,史晓东,等.基于树形条件随机场的跨语言时态标注[J].软件学报,2015,26(12):3151-3161.

[21]张传岩,洪晓光,彭朝辉,等.基于SVM和扩展条件随机场的Web实体活动抽取[J].软件学报,2012,23(10):2612-2627.

[22]曹晖,徐杨.融合词语信息的细粒度命名实体识别[J].计算机应用与软件,2023,40(3):235-240.

[23]何炎祥,刘健博,孙松涛,等.基于层叠条件随机场的微博商品评论情感分类[J].山东大学学报(理学版),2015,50(11):67-73.

[24]黄树成,张瑜,张天柱,等.基于条件随机场的深度相关滤波跟踪算法[J].软件学报,2019,30(4):927-940.

[25]张帆,闫敏超,倪军,等.高阶条件随机场引导的多分支极化SAR图像分类[J].中国图象图形学报,2023,28(10):3267-3280.

[26]龙科军,郭妍慧,刘洋,等.基于全连接条件随机场的车道线检测方法[J].长沙理工大学学报(自然科学版),2023,20(6):149-158.

[27]张晓,关琳玉.基于MLP的伪装语音说话人性别鉴定[J].计算机科学,2024,51(11A).

[28]邓梦娇,徐新,马盈盈,等.多层感知机结合辐射传输模型的复杂陆地表面云检测[J].电子学报,2022,50(4):932-942.

[29]张毅锋,蒋程,刘袁,等.基于基完备化理论和嵌入多层感知机的深度网络结构设计[J].东南大学学报:自然科学版,2018,48(5):933-938.

[30]孙志军,薛磊,许阳明,等.深度学习研究综述[J].计算机应用研究,2012,29(8):2806-2810.

[31]樊海玮,史双,张博敏,等.基于MLP改进型深度神经网络学习资源推荐算法[J].计算机应用研究,2019,37(9):113-116.

[32]LI G B, YU Y Z. Visual saliency based on multiscal deep features//Processings of the IEEE conference on Computer Vision and pattern Recognition. Boston, USA, 2015:5455-5463.

[33]RADFORD A, WU J, CHILD R, et al. Language models are unsupervised multitask learners[J]. OpenAI blog, 2019.

[34]VASWANI A, SHAZEER N, PARMAR N, et al. Attention is all you need[J]. Advances in neural information processing systems, 2017, 30:5998-6008.

[35]BROWN T, MANN B, RYDER N, et al. Language models are few-shot learners[J]. Advances in neural information processing systems, 2020, 33:1877-1901.

[36]孙亚威.小样本限制下基于预训练语言模型的文本生成技术研究[D].哈尔滨:哈尔滨工业大学,2021.

[37]许海明.基于深度学习的文本生成技术研究[D].成都:电子科技大学,2020.

附　录

附录1　三位一体字标注汉语词法分析中词法信息标记列表

序号	标记	序号	标记	序号	标记	序号	标记	序号	标记	序号	标记	序号	标记
1	B_v	39	E_a	77	S_rz	115	M_in	153	E_la	191	B_jv	229	S_Rg
2	E_v	40	S_ui	78	M_vn	116	E_in	154	S_qj	192	E_jv	230	B_w
3	B_n	41	B_p	79	B_j	117	M_j	155	S_Tg	193	B_nx	231	E_w
4	E_n	42	E_p	80	E_j	118	S_vq	156	M_nz	194	M_nx	232	S_Ug
5	S_ud	43	S_c	81	M_d	119	B_vx	157	S_uz	195	E_nx	233	S_nr
6	S_a	44	B_rz	82	B_r	120	E_vx	158	S_b	196	S_h	234	S_j
7	B_wp	45	E_rz	83	E_r	121	B_iv	159	B_qd	197	S_Ag	235	S_Qg
8	E_wp	46	B_LOC	84	S_d	122	M_iv	160	E_qd	198	B_qe	236	M_vl
9	B_t	47	E_LOC	85	S_vx	123	E_iv	161	M_q	199	E_qe	237	M_ws
10	M_t	48	B_s	86	B_rr	124	S_wf	162	M_qd	200	B_ib	238	B_y
11	E_t	49	E_s	87	E_rr	125	B_df	163	S_ad	201	M_ib	239	E_y
12	S_wkz	50	B_vn	88	B_an	126	E_df	164	S_y	202	E_ib	240	M_rr
13	S_v	51	E_vn	89	E_an	127	B_q	165	S_nx	203	S_qb	241	M_jb
14	S_m	52	S_wt	90	B_c	128	E_q	166	S_PER	204	S_vi	242	M_rz
15	S_qe	53	S_vl	91	E_c	129	B_vq	167	B_ry	205	B_o	243	B_jd
16	S_wky	54	S_f	92	S_vu	130	E_vq	168	E_ry	206	E_o	244	E_jd
17	B_ORG	55	S_dc	93	M_c	131	B_jb	169	S_qd	207	M_a	245	M_vd
18	M_ORG	56	S_df	94	M_LOC	132	E_jb	170	B_vl	208	S_e	246	M_o
19	E_ORG	57	S_qt	95	S_u	133	B_vd	171	E_vl	209	B_qb	247	S_o
20	M_n	58	B_d	96	B_b	134	E_vd	172	M_z	210	E_qb	248	S_Mg
21	S_wu	59	E_d	97	E_b	135	M_wp	173	M_vi	211	B_ws	249	B_e
22	B_PER	60	B_ad	98	B_l	136	S_ue	174	B_u	212	E_ws	250	E_e
23	M_PER	61	E_ad	99	M_l	137	B_qt	175	E_u	213	S_Dg	251	M_ryw
24	E_PER	62	S_wyz	100	E_l	138	E_qt	176	S_qz	214	S_q	252	S_ryw
25	S_wd	63	B_jn	101	S_wp	139	S_us	177	M_f	215	M_ry	253	S_vd
26	S_wj	64	M_jn	102	S_jn	140	B_z	178	B_ld	216	S_qr	254	M_vu
27	S_Vg	65	E_jn	103	M_b	141	E_z	179	E_ld	217	B_rzw	255	M_p
28	S_k	66	S_wyy	104	B_vu	142	B_ln	180	M_ld	218	E_rzw	256	B_qc
29	S_wm	67	B_lv	105	E_vu	143	M_ln	181	M_v	219	M_jv	257	E_qc
30	S_p	68	M_lv	106	B_i	144	E_ln	182	B_lb	220	S_ql		
31	B_vi	69	E_lv	107	M_i	145	B_id	183	M_lb	221	S_w		
32	E_vi	70	S_ul	108	E_i	146	M_id	184	E_lb	222	S_Bg		
33	B_f	71	B_m	109	B_ia	147	E_id	185	S_qc	223	M_mq		
34	E_f	72	M_m	110	M_ia	148	B_nz	186	B_qv	224	M_r		
35	S_rr	73	E_m	111	E_ia	149	E_nz	187	E_qv	225	B_ryw		
36	B_dc	74	S_qv	112	M_s	150	S_Ng	188	S_ww	226	E_ryw		
37	E_dc	75	B_mq	113	S_n	151	B_la	189	S_ry	227	B_tt		
38	B_a	76	E_mq	114	B_in	152	M_la	190	S_uo	228	E_tt		

附录2　词位标注汉语分词研究中用到的部分特征模板集

序号	特征模板集名称	包含的特征模板(CRF++工具包模板文件形式)
1	TMPT-10+B	# Unigram U00:%x[-2,0] U01:%x[-1,0] U02:%x[0,0] U03:%x[1,0] U04:%x[2,0] U05:%x[-2,0]/%x[-1,0] U06:%x[-1,0]/%x[0,0] U07:%x[0,0]/%x[1,0] U08:%x[1,0]/%x[2,0] U09:%x[-1,0]/%x[1,0] # Bigram B
2	TMPT-10'+B	# Unigram U00:%x[-2,0] U01:%x[-1,0] U02:%x[0,0] U03:%x[1,0] U04:%x[2,0] U05:%x[-2,0]/%x[-1,0]/%x[0,0] U06:%x[-1,0]/%x[0,0]/%x[1,0] U07:%x[0,0]/%x[1,0]/%x[2,0] U08:%x[-1,0]/%x[0,0] U09:%x[0,0]/%x[1,0] # Bigram B
3	TMPT-6+B	# Unigram U00:%x[-1,0] U01:%x[0,0] U02:%x[1,0] U03:%x[-1,0]/%x[0,0] U04:%x[0,0]/%x[1,0] U05:%x[-1,0]/%x[1,0] # Bigram B

续附录 2

序号	特征模板集名称	包含的特征模板（CRF++工具包模板文件形式）
4	T10-Single+B	# Unigram U00:%x[-2,0] U01:%x[-1,0] U02:%x[0,0] U03:%x[1,0] U04:%x[2,0] # Bigram B
5	T10-Double+B	# Unigram U05:%x[-2,0]/%x[-1,0] U06:%x[-1,0]/%x[0,0] U07:%x[0,0]/%x[1,0] U08:%x[1,0]/%x[2,0] U09:%x[-1,0]/%x[1,0] # Bigram B
6	T6-Single+B	# Unigram U01:%x[-1,0] U02:%x[0,0] U03:%x[1,0] # Bigram B
7	T6-Double+B	# Unigram U03:%x[-1,0]/%x[0,0] U04:%x[0,0]/%x[1,0] U05:%x[-1,0]/%x[1,0] # Bigram B
8	TMPT-10	# Unigram U00:%x[-2,0] U01:%x[-1,0] U02:%x[0,0] U03:%x[1,0] U04:%x[2,0] U05:%x[-2,0]/%x[-1,0]

续附录 2

序号	特征模板集名称	包含的特征模板(CRF++工具包模板文件形式)
8	TMPT-10	U06:%x[-1,0]/%x[0,0] U07:%x[0,0]/%x[1,0] U08:%x[1,0]/%x[2,0] U09:%x[-1,0]/%x[1,0]
9	TMPT-10'	# Unigram U00:%x[-2,0] U01:%x[-1,0] U02:%x[0,0] U03:%x[1,0] U04:%x[2,0] U05:%x[-2,0]/%x[-1,0]/%x[0,0] U06:%x[-1,0]/%x[0,0]/%x[1,0] U07:%x[0,0]/%x[1,0]/%x[2,0] U08:%x[-1,0]/%x[0,0] U09:%x[0,0]/%x[1,0]
10	TMPT-6	# Unigram U00:%x[-1,0] U01:%x[0,0] U02:%x[1,0] U03:%x[-1,0]/%x[0,0] U04:%x[0,0]/%x[1,0] U05:%x[-1,0]/%x[1,0]
11	T10-Single	# Unigram U00:%x[-2,0] U01:%x[-1,0] U02:%x[0,0] U03:%x[1,0] U04:%x[2,0]
12	T10-Double	# Unigram U05:%x[-2,0]/%x[-1,0] U06:%x[-1,0]/%x[0,0] U07:%x[0,0]/%x[1,0] U08:%x[1,0]/%x[2,0] U09:%x[-1,0]/%x[1,0]
13	T6-Single	# Unigram U01:%x[-1,0] U02:%x[0,0] U03:%x[1,0]

续附录 2

序号	特征模板集名称	包含的特征模板（CRF++工具包模板文件形式）
14	T6-Double	# Unigram U03:%x[-1,0]/%x[0,0] U04:%x[0,0]/%x[1,0] U05:%x[-1,0]/%x[1,0]
15	TMPT-U00	# Unigram U01:%x[0,0]
16	T10-Above	# Unigram U00:%x[-2,0] U01:%x[-1,0] U02:%x[0,0] U05:%x[-2,0]/%x[-1,0] U06:%x[-1,0]/%x[0,0]
17	T10-Below	# Unigram U02:%x[0,0] U03:%x[1,0] U04:%x[2,0] U07:%x[0,0]/%x[1,0] U08:%x[1,0]/%x[2,0]
18	T6-Above	# Unigram U00:%x[-1,0] U01:%x[0,0] U03:%x[-1,0]/%x[0,0]
19	T6-Below	# Unigram U01:%x[0,0] U02:%x[1,0] U04:%x[0,0]/%x[1,0]
20	TMPT-9	# Unigram U00:%x[-2,0] U01:%x[-1,0] U02:%x[0,0] U03:%x[1,0] U04:%x[2,0] U05:%x[-2,0]/%x[-1,0]/%x[0,0] U07:%x[0,0]/%x[1,0]/%x[2,0] U08:%x[-1,0]/%x[0,0] U09:%x[0,0]/%x[1,0]